恰到好处的安慰

THERE IS NO GOOD CARD FOR THIS

What to Say and Do When Life Is Scary, Awful, and Unfair to People You Love

[美] 凯尔西·克罗（Kelsey Crowe） 埃米莉·麦克道尔（Emily McDowell） 著

陈卓 范泽鑫 译

图书在版编目（CIP）数据

恰到好处的安慰 /（美）凯尔西·克罗（Kelsey Crowe），（美）埃米莉·麦克道尔（Emily McDowell）著；陈卓，范泽鑫译 . —北京：机械工业出版社，2020.7（2025.1 重印）

书名原文：There Is No Good Card for This: What to Say and Do When Life Is Scary, Awful, and Unfair to People You Love

ISBN 978-7-111-65764-4

I. 恰…　II. ① 凯…　② 埃…　③ 陈…　④ 范…　III. 心理学 – 通俗读物　IV. B84-49

中国版本图书馆 CIP 数据核字（2020）第 095280 号

北京市版权局著作权合同登记　图字：01-2018-3808 号。

恰到好处的安慰

出版发行：机械工业出版社（北京市西城区百万庄大街 22 号　邮政编码：100037）
责任编辑：郭超敏
责任校对：殷　虹
印　　刷：固安县铭成印刷有限公司
版　　次：2025 年 1 月第 1 版第 12 次印刷
开　　本：147mm × 210mm　1/32
印　　张：8.25
书　　号：ISBN 978-7-111-65764-4
定　　价：59.00 元

客服电话：（010）88361066　68326294

我愿意为那些真正的
朋友倾尽所有。
我不会半心半意爱别人，
那不是我。

简·奥斯汀
《诺桑觉寺》*

额……哇。
如果有什么我能做的，
请告诉我。

我们大多数人
大多数时候

* Northanger Abbey

目录

前言

生活的剧透：坏事会发生

开始前，我要给你讲一个真实的故事，是关于试图安慰一位困境中的朋友的，这个故事会告诉我们好心如何办了坏事。

一天早晨，莫妮克和埃米出门跑步。在慢慢往山上跑的途中，莫妮克漫不经心地念叨："这周末我应该做点什么呢？或许看个电影……虽然我需要理个发。剪短点吗？我还要刘海吗？"

然后埃米慢慢停了下来。

"莫妮克，"埃米说，"我昨天被诊断出乳腺癌了。"

莫妮克一时语塞，不知该说什么。“真抱歉，”莫妮克说，“这对你来说一定特别恐怖。”她抱了抱埃米，然后快速地抽回身。莫妮克问了更多的细节，她们聊了一会儿，一开始的惊吓慢慢平缓了一些。接着莫妮克说：

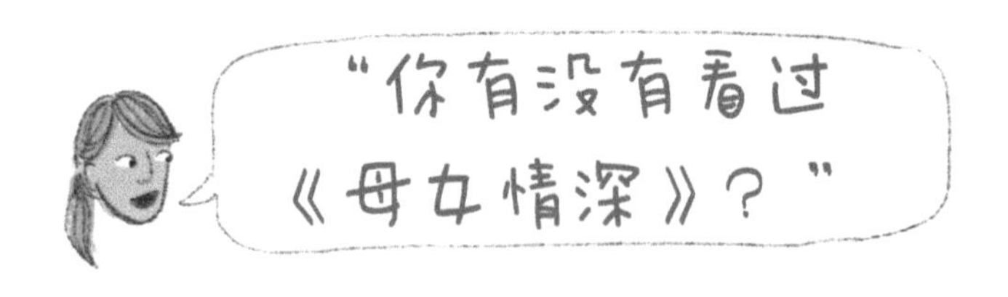

这时两个人已到山脚。她们停了下来，埃米用难以置信的眼神望着莫妮克，喘了口气。

“那个电影？”

“是啊，”莫妮克说，“德博拉·温格（Debra Winger）演的。”

“嗯。她是……一个年轻妈妈？死于乳腺癌？”

“嗯。”莫妮克的脑子快速转动。她说的是那个电影，但她本意是想说其中一个有趣的部分。莫妮克在任何时候都会最先转向幽默，包括被吓到的时候。

但莫妮克忘记了
一个重要的细节：
德博拉·温格在电影的
结尾去世了。

“没什么，”莫妮克说，“我随便说说。”

“慢着，我刚刚告诉你我得了癌症，现在你想让我看一部主角死于癌症的悲剧电影？”

“我太蠢了。”莫妮克说。

“是的，”埃米说，“你是很蠢。”

这些我们都经历过，不是吗？

电话响了，你爱的人在哽咽。你的肠胃紧缩，你的心跳加速。一个同事的孩子患有严重的先天性心脏病，或者某人的丈夫出了车祸，或者一个朋友被诊断出不治之症。

无论是什么，
某个人的人生刚刚崩塌，
你感觉很糟糕，
但对该说些什么没有一点头绪，
更别说做点什么了。

当然，你不知道该说些什么也是情有可原的。某些情况下，没有什么话语能够让事情好转。世界上没人能够让失去孩子的母亲若无其事，也没人能让妻子被诊断为癌症的丈夫云淡风轻。这是我们很多人一言不发的原因。

坏消息是，你是对的——你的话可能无法缓解任何人的痛苦。但好消息是，没有人能够做到，所以即使你想不到“最好的话语”，也没什么错。

我真的觉得，任何人对我说的任何话，无论是什么时候说的，都挺好。有些话会比其他话更有益，但是任何有勇气找到我，和我说话的人都会让我感觉好一些。

——安妮，失去母亲

能做些什么吗？能做些什么，当然可能更好。看起来，知道做什么比知道说什么更难，但读完本书你会明白，要做到这两点并不会很难。你只需要扮演你已经很擅长的朋友角色，就能很容易学会，剩下的部分我们会帮你。

给伤者的威士忌

这本书不是心灵鸡汤，而是给伤者的威士忌。所以不要期待这是一本自助的书，或是有关如何“改造”你，使你成为世界上最会共情的人这种制造奇迹的长篇大论。因为你已经从幼儿园毕业了，所以我们假设你已经知道共情和慈悲心很重要，最好与人为善。我们的另一个冒昧的假设是：你不是完美的，我们没有期望你做得很完美，因为这也不可能。我们没有试图让你成为一个教科书式的金牌助人者（Text Gold Star Helper），达成另一个（不可能的）目标。

不。

一些难以想象的坏事第一次发生在朋友身上时——这总会在某个时刻发生，你尴尬的表现可能还可以为他人所理解。随着逐渐成长，如果想要成为一个有责任感的成年人，你就需要做得再好一点。当你的生命中有人受伤时，确实有一些实际而具体的方法可以帮助他。这就是我们写这本书的原因。

我们知道，有些情况当然不要主动，什么也不要说——我们不可能出现在某个人人生中所有的倒霉时刻。同样，并不是每个人都想让你卷入他特定的艰难处境。我们并不想让你成为一个过度承担的善行者。我们的目标是帮助你了解提供安慰、理解与支持和爱管闲事的区别，最终帮助你从仅仅惦念痛苦的人，变成在情况需要时能实际做些什么的人（即使是很小的事），能够自信地去做，而不是害怕会出什么错。

可以有几种不同的方式来使用这本书。毫无疑问，你们很多人现在都有处于危机中的朋友，如果是这种情况，你可能想要学习该如何说、如何做。本书将提供一些容易上手的、具有实操性的内容，你会在第二部分和第三部分中找到这些内容。如果你只有四分钟的时间去弄清该对身处悲痛中的同伴说些什么，第三部分的内容会有所涵盖。第一部分讲的是我们在痛苦的时候是如何建立联结的以及为什么很难建立联结。这让我们有机会反思（并且放下）自己的心理负担和恐惧，而这常常是阻止我们伸出手的原因。

花些时间在这本书中讲到的思维方式训练和技巧上会让你的生活更轻松，而不是更难。这看似不然，因为伸出援助之手意味着给你以及你忙碌的生活增添了更多要做的事。但你会发现联结所带来的内心平静是值得你去努力的——起码你不会因为没有发一封邮件问候一下而自责，睡不着觉。

除了身心一致带来的安宁感，共情练习会带来更多有意义的联结。不只是你付出的，还有你收获的。你关爱的圈子会越来越广，从你最好的朋友，到同事，到邻居，再到一个偶然认识的人，甚至到一个陌生人。痛苦时的陪伴其实能够带来更多欢乐，虽然听起来很矛盾，但这是真的。

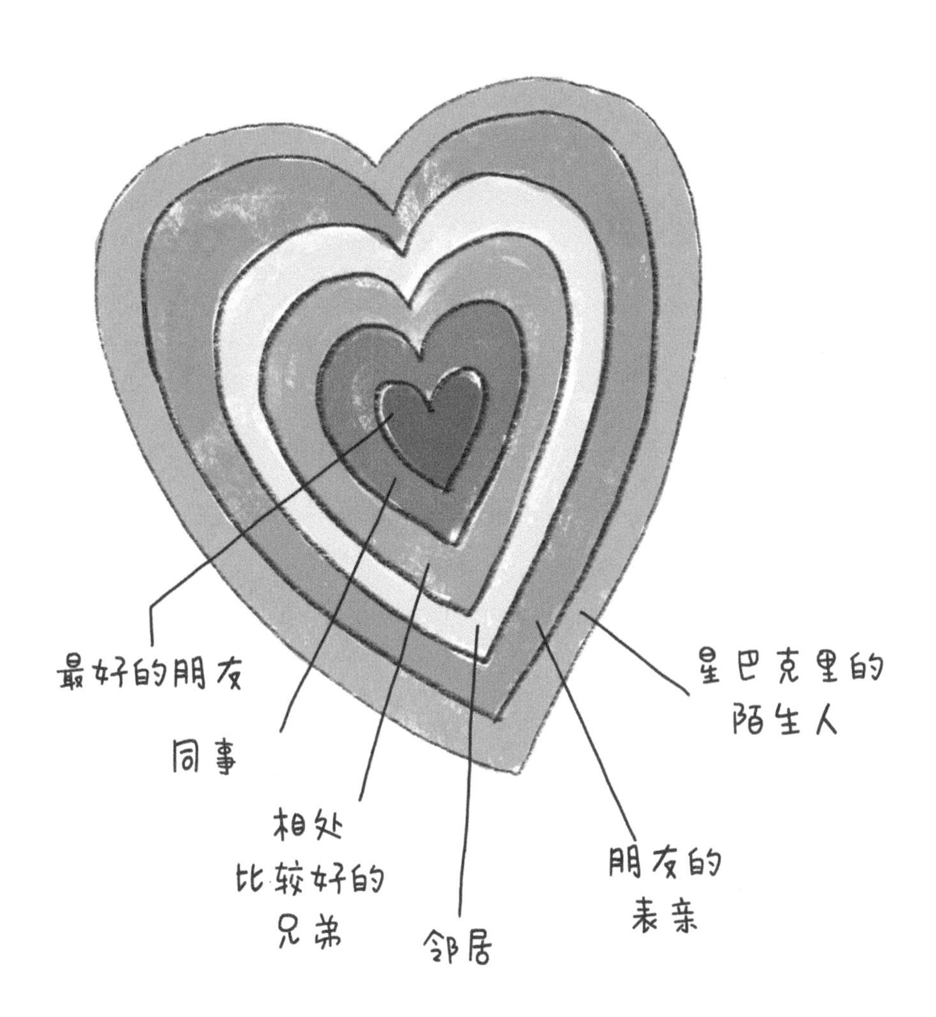
最好的朋友
同事
相处
比较好的
兄弟
邻居
朋友的
表亲
星巴克里的
陌生人

为什么要听我们的?

我们是人。和你们很多人一样，我们的生活中也都有起起伏伏，所以我们对这个话题很感兴趣，尽管方式完全不同。我们敢说自己20岁出头的时候都过得很糟，尽管原因不同。

我21岁的时候，母亲因为精神疾病离开了我。我只有她一个亲人。我没有兄弟姐妹，也没有姨妈或舅舅，我的外公和外婆很久以前就去世了。尽管母亲病了，但我和她的关系始终非常亲密。突然，她决定停止服用精神药物，结果妄想和错觉一发不可收拾。在我试着把她送到医院寻求帮助之后，她再也没有和我说过话。几年之后，她去世了。当母亲拒绝我时，我就失去了我小小的却很完整的家。这对我来说是一种没有哀悼仪式的丧失——我没有去打扰我最亲密的朋友，我基本上没有提起过生命中最亲的人的“过世”。

我24岁的时候，被诊断患有霍奇金淋巴瘤，且已是晚期。经历了9个月的化疗和放射治疗之后，我进入了缓解期，并且之后15年都没有再得癌症。（真是好运！）我生病过程中最艰难的部分不是掉头发，不是被星巴克服务员误称为“先生”，也不是化疗中的痛苦，而是当我的许多好朋友和家人因为不知道该说什么，或者因为完全没有意识到而说了很不好的事最终选择消失时，我感到的孤独和被隔绝。

对我们两个来说，随着年龄的增长，出现了越来越有挑战性的事（这对我们来说都很正常）。癌症再次出现了：埃米莉因此失去了她的大学室友、她的公公，凯尔西两次接受乳腺癌治疗。我们的经历本身并没有让我们成为共情专家——它们只让我们明白，在困难时，从我们生命中其他人那里得到支持有多么重要。

但如果不能明确地知道该做什么或者说什么，你很容易就会怀疑自己提供支持的能力。如果社会习俗没有告诉我们如何在某人真的经历困难时提供支持，我们可能意识不到应该做点或者说点什么——任何事情，对处在恐惧或者哀伤中的人都很有意义。

出于这一点，我们两个都有自己的方法使人们能够在他人生活艰难时更容易站出来。

埃米莉用她自己的平台写贺卡和画插画，她作为一个癌症康复者的经历，以及她从失去大学密友的经历中所学到的，让她启动了“共情卡”(Empathy Cards) 的活动，用来帮助我们以更真诚的方式联结疾病和悲伤。凯尔西建立了一个互动组织叫作**共渡难关**（Help Each Other Out)，组织以安慰为主题的共情训练营和工作坊，从来自商业、医学、哀伤咨询等领域的专家和顾问那里得到专业支持。为了指导这些工作坊，以及写这本书，她还做了 900 多人参与的大规模网上调查研究，访谈了 50 个经历过各种困难的人，以了解哪些支持有帮助，哪些没有。

凯尔西从她的研究中，以及为大学、医院和商业机构组织的共情训练营中学到了很多，埃米莉在“共情卡”的优质回复中发现：

无论你是一名专业的社会工作者，还是一名被吓坏的好友，如果你不知道该如何支持某个正在受伤的人，

你并不是孤单一人。

这是几乎每个人在某个时刻都会纠结的事情。我们两个当然也会。

我们对哀伤的研究和深入了解改变了我们曾经认为什么是支持、什么不是支持的观点。我们希望你能避免我们曾经犯过的错误，直截了当地给你提供我们所知的，我们都或多或少地做过那些蠢事。

我们的方法

我们的方法可以浓缩为一个词：信任。当给你关心的人提供支持时，相信自己——你表达善意和关心的能力、你的价值观，以及你可以真诚地做的事情，是找到应对生活最糟糕处境的方法的关键。

为了帮你学会在这方面相信你自己，我们将在本书中介绍三个信条，分别是：

挺身而出的三个检验标准：

1）你的善意就是证明。

2）倾听的意义重大。

3）小作为，大不同。

通过探索生活中这些标准的意义以及实际做法，你实践的时候可能会感到更有信心。

生活中艰难的处境*
神秘的
诊断
疾病
哀伤
*一张未完成的地图
不要试图一个人或者是天黑后去“航行”。
用谷歌搜索时要极其谨慎。

如果你觉得尴尬地回应朋友的危机会让他们感觉很糟，那你需要知道如果你什么都没说，他们可能会感觉更糟。但不要担心：你不是一个人。本书会让你更有信心地伸出援助之手——向你的朋友、家人、熟人，甚至陌生人，在他们的困难时期，培养永久的（或是瞬间的）深刻联结。我们会帮你脱离过去对思考他人困境的分析瘫痪，变成可以实际为他人做点什么，并且是明智地做。

如果你从本书中
只学到一件事，那么应该是：
如果你在
说点什么和什么也不说
之间选择，
几乎永远要选择
说点什么。

当你生命中的某个人正在受伤，你是有实际具体的方法可以提供帮助的。很可能，你的朋友此刻正需要你的帮助。

第一部分

做点铺垫工作

第1章
先给自己戴上氧气罩

“我认为人们不问或者什么也不说是因为这是一个令人很不舒服的话题。同时，我在经历一个巨大的生活转变，就好像屋子里有一头没有被牵走的大象。我认为这是最重要的事——绝大部分人不去问或者什么也不说。”

——卡拉，离异

就像这样：一位同事失去了他的伴侣，而你从未经历过这样的丧失，不知道该如何帮助他。（更糟的是，你甚至从来不知道他有爱人。）他在你面对困难时总是非常支持你，并且恰如其分地表现友好。你曾与他分享过你的猫捣蛋时的照片。你们确实彼此关心，但也算不上是很亲密的朋友。

所以你的做法和我们大多数人在这种处境下所做的差不多：

你每次都
完全回避
丧偶之人的目光。

但你并不是一个冷漠无情的人，所以你一直在耐心地等待那句最合适的话到嘴边。“会出现的。”你自言自语。一周又一周过去了，那句话却没有出现。现在，你为了避免在自动贩卖机处遇见你的同事而放弃了你的咖啡时间，每次你看见他，都觉得自己是一个很差劲的人，而你是真的很想喝咖啡。

我们每个人都有这种经历——在别人经历苦难时，一闪而过的善意慢慢变成深深的遗憾，甚至是羞耻。但这样可能更好，是吗？你不想惊扰他——最好稳妥一点。但是在内心深处，稳妥这种理由又好像站不住脚。

如果你宁可绕路走到自己的座位，只为避免尴尬地遇到丧失亲人的人……振作起来，因为我们都曾经经历过。我们如何才能从只会不舒服地躲开，转变到可以实际说点或者做点什么有益的事呢？

首先从相信我们有能力帮助他人开始。

这意味着我们要首先了解是什么让我们对站出来说话如此没有安全感。我们有几种想法，并将它们做成了简短的练习。这些练习只需要花一点时间，也不需要什么准备，却能够解决一些在我们一生中慢慢发展出的、常见的阻碍伸出援助之手的情况。拿出一些便利贴、笔记本，或者日记本，你也可以看看有没有一两个朋友愿意和你一起做这些练习。或者只是在阅读的时候加上“如果”，给你自己一些停下来思考这些问题的时间。

共情热身：阻碍你的是什么？

回想一个你在某人遇到困境时躲远的例子——好朋友、同事、邻居、家人或者任何人。我们指的不是那些挑战你的极限，让你的共情枯竭的人，我们指的是那些你想要伸出援助之手但最终没有的例子。很重要的是，在这些情况下，并不是因为他们认为你应该做，而是你自己认为你应该做。

现在，想一想你没有伸出援助之手的原因。如果你正独自一人，可以随意把它们写在一张纸上。如果你正和一个朋友在一起，可以把它们写下来，然后用几分钟的时间彼此分享你们躲开的原因。（你可能会很惊讶地发现这个对话能持续很长时间。）

当你反思自己躲开的原因，感觉好像让自己和（或）所爱的人失望时，要记住：我们都有遗憾。在凯尔西的共情训练营中，她收集了人们上百个关于躲避的遗憾。下面是其中几个：

我多希望
去年在我朋友的
父亲去世后
给她打个电话。

尽管我的工作领域是
死亡和临终关怀，
但我觉得在我的
外甥和外甥女
失去母亲时，
我没有好好地
陪伴他们。

我很后悔
躲避一个
罹患癌症
的教友。
我很害怕。

苏，我很抱歉。在伦敦时
我没有在你身边。我很害
怕。我现在与你在一起。

我很希望
我去探望了
住院的叔叔。

妈妈，对不起。
我过去不懂你的痛苦。
我那时太小了。

我希望在我的朋友流产后，
能够跟她聊一聊。
我那时不知道该说些什么。

共情的三个阻碍：

使我们躲避的是什么呢？我们来看看共情的阻碍：

- 害怕做错事

“天啊，如果我把它搞得更糟糕怎么办？”在处理这种情况时，通常我们会感到很有压力，而且会害怕一旦失败就会毁掉一段关系，或者让自己很尴尬。

- 害怕说错话

我们不知道自己是否应该知道某些事；我们不想让人觉得自己是在八卦；我们不想在某人本来没有在想那件糟糕事情的时候，又引发他的负面情绪。如果我们和那个人不是特别亲近（比如，一个同事），可能就会觉得自己去帮助“不合适”；如果帮了，我们可能会说出一些让对方感觉更糟的话。

- 害怕没有时间 / 足够的精力

生活忙碌到停不下来。我们不想对超出自己承受范围的事做任何承诺，也不知道承诺这样的事情需要投入多少。

好消息是：还好，是我们把事情搞复杂了！

一天，凯尔西的小女儿乔治娅准备去上学前班，她坐在车的后座大声说："妈妈，你到底是做什么工作的？"凯尔西想了想，尝试找出一个回答。

"嗯，"凯尔西说，"我帮助朋友们在伤心的时候互相支持对方。"

"哦，"乔治娅说，"那很简单啊。"

"哦？是吗？"凯尔西说，"如果你要帮助一个有需要的人，你会说些什么呢？"

乔治娅不假思索地给出这个清单：

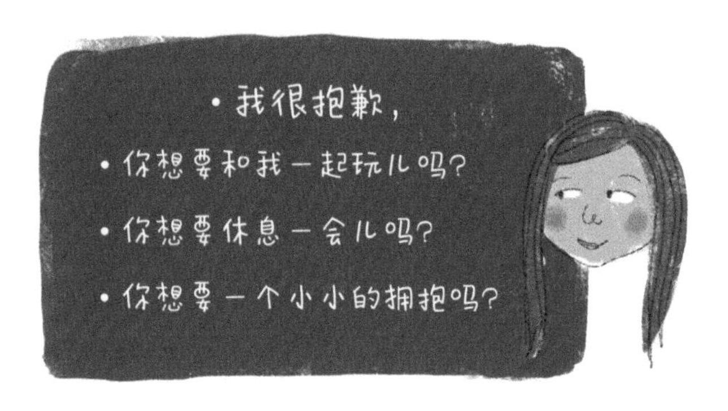

花一分钟再读一遍这个清单，你就会发现乔治娅并没有我们大人的固有思维：助人并不是我们与生俱来的能力，也不是我们在学习系鞋带、用胶棒时顺带自然而然学会的技能。不幸的是，在我们长大的过程中发生了一些事，让我们从完全无自我意识，纯粹靠直觉来安慰别人，变得质疑自己、惊慌失措。

我们是怎么变成这样的？我们认为这与阿伦·贝克（Aaron T. Beck）——公认的认知心理学奠基人，所描述的两种主要的恐惧有关：

1. 我是不讨人喜欢的。

2. 我没有能力。

我们要遮掩它们，不是吗？

当示好被拒绝的时候，意图被误解的时候，或者是善意的关怀被忽视的时候，我们情感上都会感到刺痛。从还在操场上玩耍开始，这些小刺痛就会伴随着我们的一生，积少成多。我们都有过无法与他人建立关系的感觉，这种感觉深藏在我们内心深处，同时我们还会经常思考一些折磨我们的普遍问题（见右图）。

我们都知道，这样的质疑会戳到自己的软肋。所以，我们通常干脆选择回避，选择谨慎行事。当我们难以体会某人的困境时，就会感觉风险更高。尤其是不确定尝试是否会有用时，我们真的很容易选择规避彻底失败的风险。

我是不是就没有与人
建立关系的能力？
我真的能做到吗？
我是不是有什么问题？

但事情是这样的：你可以假装成一个从不犯错的人，但是这不可能，而且实际上这并不是那么有帮助。当我们觉得很脆弱、很害怕的时候，会立刻想找谁？可能不是那个我们所认识的，看起来生活得很完美的人。我们会去找我们信任的人，这跟完美几乎没有关系。（往往还是相反的。）

如果真的想与他人建立真诚的联结，你需要了解一下常见的两种心理负担，这会有助于我们清楚地认识自己与他人建立联结的能力。这两种心理负担分别是：①曾经因为让他人失望而内疚；②因为曾经对他人很失望而怀有怨念。它们所造成的信念就是，我们还不够好，其他人也还不够好。这会阻碍我们相信自己付出的能力。

共情热身：
你已经足够好，
你足够聪明，
你了解一切。

你曾经因他人而失望——我们都有过类似经历，但是你也曾让他人失望。我们不是恶人，我们也为此感到内疚。当内疚激励我们做得更好，让我们成为更有责任感、更成熟的人的时候，它是有益的。但当内疚的加时赛只是让我们又多了一丝内疚，从未让我们变得更好时，那它就只是让我们更低落而已。

一种免于内疚的方式是，接纳自己。（互联网上充斥着关于这个观点的信息是有原因的。）凯尔西早晨喝咖啡的时候，每次吃司康饼都会感觉内疚。或许她可以试着接纳自己要为早晨能起床梳洗，而获得一个自己喜欢的（需要的）高糖可口的奖励；或者她应该接纳自己随着中年临近，大学时期的体形进入过去式。当我们能够接纳自己时，我们就会有种很棒的成年人的掌控感，比如可以不穿高跟鞋，不喜欢威士忌，或不愿意在打车去机场的路上跟司机讲自己的人生故事。我们可以放松地保持我们本来的样子，不在无关紧要的事情上耗费精力。

我喝多少水都不嫌多！

我总穿同一条裤子！

我不关心红酒！

我一点也不喜欢寿司！

我接纳我自己！

我觉得狗很烦人！

我要看化妆的节目！

我需要九个小时的睡眠！

我觉得瑜伽很无聊！

我就是要吃速冻比萨！

某些调整内疚感的方式可能不太有帮助，尤其是为了回避内疚感而限制自己、退缩——这意味着我们只能施展更少的能力，感受更少的爱，更少活在当下。这是打击自己，而不是自我实现。比如，对凯尔西来说，接纳司康饼是给早晨好心情的小奖励是一回事，跟自己说“我们不会给予，所以别人没有我们的帮助会更好”，就是另一回事了。人们常常认为学着如何表示善意比放弃碳水化合物容易得多，但事实并非如此，而且这样的想法也很危险。

认定自己在痛苦时没有能力与他人建立联结，会让你远离生命中最有联结感的时刻。

在这本书中，我们会给你提供许多有帮助的小建议，帮助你在特别煎熬时也能迈出一步。但要相信这些技巧有用，你需要先相信自己，这个不完美的你，只要尝试就是好的。请从对自己更加宽容开始。

所以现在，我们要你卸下一些内疚感。

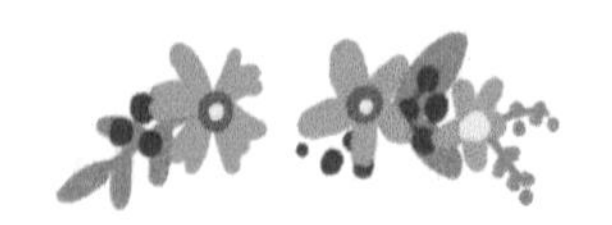

共情练习：善待他人要从善待自己开始

- 拿一些便利贴或者索引卡片，或者剪一些卡片，写下1～3个你在他人痛苦时躲开的例子。想想下面这些事实（是的，这都是真的）：
  —我躲开并不代表我是个糟糕的人。
  —我躲开不意味着我不善于共情。

- 在卡片上写下你的后悔："我后悔____________。"填卡片的时候想一想："在那时的已有条件下，我已经做到了我能做到的最好。"这很可能也是实情。

- 你还可以承认一些深层的阻碍你伸出援手的原因，比如：
  —我沉浸在自己的世界里，没有看到他们的痛苦。
  —我不认为我的努力会有多大作用。
  —我害怕自己也会被拖进去。
  —我害怕我给不了那么多。

- 接着在你的卡片上写下："我原谅自己曾躲开，因为____________。"

- 现在，拿着你的卡片，做一个小小的放下它们的仪式。你可以在沙滩上、院子里，或者火炉里把它们烧掉。如果你接触不到沙滩、院子或是火炉，水池、垃圾桶也可以，或者把它们和一粒种子、一棵树苗一起种在土里，或者把它们折成纸飞机从你家房顶抛出。

我们发现实际地毁掉卡片，与把它们扔到垃圾桶里或者夹在某个日记本里相比，会在心灵上产生不同的感觉。这听起来有一点夸张，但有一个放下的仪式能够切实（以及象征性）地使你感觉到内疚的心理负担被卸下了。

紧接下来：令人紧张的对话 建议#1

如果你愿意，你也可以向那个你躲避的人道歉。你可以发一封邮件或是写一张卡片，或者直接讲出来。你知道吗？那次躲避让你痛苦了很多年，但当事人甚至有可能都记不起来了。主动接触有可能会引发一些你不得不面对的怒火，当事人也有可能因为你想让事情变好的心意而向你表达真诚的感激之情。

我生病那年是24岁。如果你认识一个24岁的人，或者经历过24岁，你就会知道这并不是一个充满智慧和人生阅历的年龄段。我的密友中没有一个认识除了他们祖父母以外的患有癌症的人，更别说他们这个年龄段的人了。每个人都很害怕，我们都尴尬地摸索前行。有些人因为不知道该如何应对而躲开了，在那个时候，我将这种行为理解为他们不在乎我。

这些年过去了，许多朋友找到我，并为他们那时做过的或者没有做的事情道歉，有几个朋友是在10年之后才找的我。许多时候，我甚至想不起来让他们夜不能寐的具体事情了。很明显，这些谈话对他们来说比对我而言更有压力，尽管我已经在很久以前就放下了所有怨念（如果曾经有的话）。每次有人找到我时，我都非常感动，觉得这对我特别有意义。

放下怨念

我们是人，大多数人都带着不满。不满也可能有用。不满有助于让我们避开那些在生活中对我们很差或是利用我们弱点的人。尽管这种应对策略能够在短期内保护我们，但太多怨念就像过多的疤痕组织，封锁了我们建立有价值的感情纽带的能力，这时自我保护的策略就转变为有害的自我破坏。如果想要建立一段能够在生活不顺时提供庇护的关系，就需要我们也能包容他人的不完美。有一种方式能够放下那些已经于我们无益的怨念：先想一想当时我们可能没有注意到的、已经给予我们的东西。

我们若想要得到，

必须先注意已经被给予了什么。

深陷痛苦时，“珍惜我们所得到的”，这句话听起来容易但做起来难。有时候绝望或是恐惧情绪的广度和强度会遮掩其他的一切，让我们看不到已被给予的美好。讽刺的是，这也是我们最需要这些美好的时候。

我自己的家庭变故教会我接受关爱的重要性，无论是哪种关爱，但学会这一点并不容易。我年轻时的故事是这样的：我认定了，在我母亲罹患精神障碍，我失去她的时候，没有哪个人会上前一步。直到偶然发现了一些非常相反的证据，我的想法才有了彻底的转变。

这个证据是一封信，是我在非洲的维和部队做志愿者时收到的。我曾经给我母亲唯一的朋友写信说害怕回到美国之后无家可归。在回信中，我母亲的朋友没说要提供一个地方给我住，这伤害了我。15年后，我重读那封信，发现了一些早年我没有注意到的重要信息，和我之前告诉自己的那个故事完全不同。

事实上，我母亲的朋友写的是："有时候我们都需要妈妈，我想要在你需要的时候做你的妈妈。"

不知怎么，在极度的渴望中，我错过了我可能最需要听到的话。也许我确实对生活中的很多人都曾感到失望，但在反思之后发现，他人给予我的很多东西我都没有注意到。

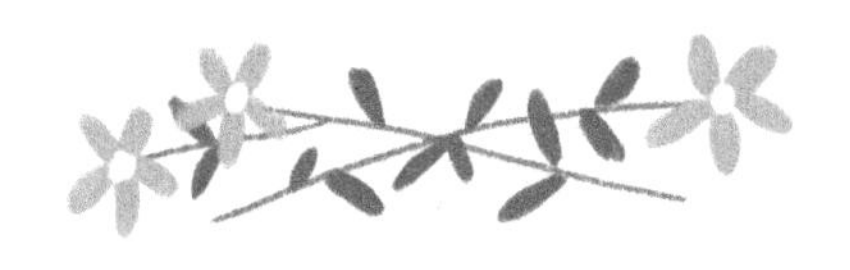

我们知道接受这个建议很难，但当你想到你痛苦的经历，以及其他人是如何陪伴在你身边时，这会帮助你重新注意到一些东西，让你感知到此刻谁正在陪伴着你。注意你的朋友、家人、陌生人、同事，或者邻居来到你身边给你安慰的每一个姿态：给你一个拥抱，倾听你的痛苦，让你搭便车，请你看电影。请珍惜这些安慰。没有必要写感谢信或者有任何外在的表达——仅仅是注意到这些就会反映出你的感激，让别人为你付出时更轻松一些。

这种关注和感激的行为不是要你成为一个看任何事情都很阳光的人（因为这样的人有时真的很讨厌），而是要打开你自己，注意到确实存在的慷慨，它们通常以我们从未想到的形式存在。

如果我们认为他人善意的努力“还不够”，我们很可能会继续失望。

这是因为如果人们担心会让我们失望，他们更有可能会躲开。不是因为他们是坏人或者恶人，他们和我们一样，只是被吓到了而又讨厌挫败感。

有些人会让我们一次又一次失望，学会对他们少一些期待就是在练习照顾自己，但我们还是会想在生命中吸引那些真诚、善良的人。多想想还有这些人，如果我们能越多地注意已经得到的，就能越少地注意那些未得到的。

这个观点很有用，不仅能帮助我们体验更多慷慨，还能给我们带来更多喜悦。当我们因他人的付出“不够”而感到失望时，我们常常也在用同样（不可能）的标准评价自己的付出。这么高的标准会让我们感到能力不足，我们会因为害怕自己的付出达不到标准而躲开，什么也不做。这样的高标准使我们给予太多或者担心过多，这也会导致我们的善意更难被接受。（我们会在第 3 章中解释这两种可能。）

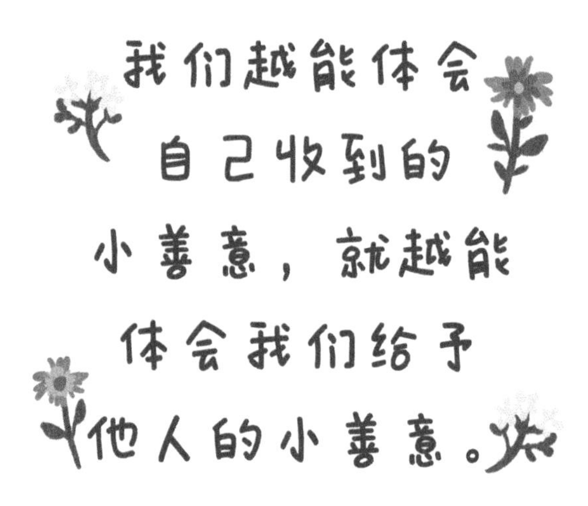

共情练习：宽恕中有良药

- 想一个某人令你失望的例子，无论大小，只要对你真的很重要——可能是一个密友、家人、邻居或任何人。(不要想永远都让你失望的人，这样的人应该绝交。)

- 用下面这样的开头写一张小纸条："当你__________的时候，我感到失望。"

- 写之前，问自己以下一些问题。(任何一个问题的答案都可能是肯定的或否定的，无论你的答案是什么，你都可以感到失望。)

  —我现在已经完全承认我的需要了吗?

  —我有没有完全领会那个人的真诚给予（就算跟我认为他应有的付出看似不同）呢?

  —我有没有向这个人索求超出她一次或一连几次所能承受的呢?

  —现在这个人变了吗?

- 然后：如果准备好了，你可以考虑一下宽恕这个人。宽恕不是为了这个人，而纯粹是为了你自己。因为一旦你认识到自己的怨念或愤怒，并且看到它的来源，就有助于对那时的处境怀有慈悲心并引发共情。这有益于你放下阻碍你的怨念，去帮助那些需要你的人。

“我原谅那个躲开我的人，因为____________。”

共情建议： 宽恕并不意味着把我们的感觉掩藏起来，也不意味着只要默默祈祷，感觉就会消失。想要成功宽恕，需要借助朋友或是专业人员的帮助，看看愤怒或痛苦的来源。通常这些感觉根植于我们自己内心的无价值感。当我们能意识到另一个人的行为更多的是关于他们——他们自己的动机和情境，而不是我们的时候，我们就能够宽恕。（这样的洞察可能会，也可能不会合理解释他们的行为。）我们并不是要刻意宽恕并忘记，而是要为了了解他人，了解自己，放下我们心中的怨念而宽恕。

接下来：令人紧张的对话　建议#2

完成了上述放下怨念的练习之后，想想你会如何跟那个人讲你感到多么失望。对！很吓人。这会是非常敏感脆弱的对话，我们建议你做下面两件事。

1. 先告诉你的朋友，其实你也感觉很难开口。

2. 然后告诉你的朋友，你想要和他们建立更强的联结，你首先认清了一些有关人性的事实：

这对我们任何一个人来说都很困难。

小结：
我们都会搞砸
（因为我们都是人）

想想过去你在他人最黑暗的阶段所有可能说过或做过的引发难堪的话或事，很容易就会觉得自己没有任何炫酷的情感训练背景来为他人提供支持。回想过去对他人感到失望的时候，我们可能为自己需求太多而感到羞耻，好像我们不值得被支持，或是要想得到这些支持，我们还不够可爱。

大多数人都不太肯定该做什么，或是有一些失望或让他人失望的负担，仅是这样并不代表我们的共情能力有致命的缺陷——这只能说明我们是人，而人都会感到害怕、尴尬和不舒服。

既然已经卸下了一些围绕支持他人的恐惧和问题，让我们从另一个方面考虑：处在危机中的人的角度。

哀伤的
五个阶段：

在公共场合哭泣

在车里哭泣

看电视的时候独自哭泣

在工作时哭泣

有点醉酒时哭泣

我爱你

第 2 章

站在他们的角度

朋友和家人在我们最需要他们的时候转身离开。

——玛丽，一个孩子被确诊患有白血病的妈妈

亚历山德拉看着她咨询师办公室里“哀伤的五个阶段”的海报，一时间想要大喊大叫，又哭又笑。五个阶段？她想，得有五百个吧。

六个月前，她的姐姐在一次车祸中丧生。亚历山德拉在事故发生后一周开始回归工作，她不得不这样，大家都是这样的。在非常明显的哀悼阶段，她感觉悲伤还是可以被接受的，但是很长时间过去了，周围的每个人似乎都回到了正常生活：埋头于各种报表和围绕销售目标的无聊会议，或因为

停车位和陌生人吵架之类的蠢事。

但是亚历山德拉并没有回归正常生活，正常生活已经回不去了。这个新的现实让她觉得做任何事情都不合适：她一会儿还好，一会儿就被突如其来的哀伤席卷，失控大哭。（如果发生在一个非常公共的场合，情况会更严重，比如在超市的水果摊前。）她不知道该如何与任何人建立联系，她不知道该如何提起。当朋友给她打电话时，她几乎无法忍受听到自己讲自己的糟心事：我很好，我可以的。因为听到真相的感觉更糟：她觉得没有希望、孤独。直到有一天她觉得不接电话会感觉更轻松一些。

哀伤是什么样的?

哀伤通常伴随着某种切实的原发丧失(primary loss)。如果和健康相关，可能是失去运动能力，或外貌受损；除与健康相关外，可能是失去爱人，失去工作，婚姻失败。若是抑郁，失去的是感受所有事情的能力。照顾病人的人失去了他们所依赖的陪伴，经历流产和不育的人经历了未来梦想的丧失。下面这些是在哀伤过程中可能存在的几个关键原发丧失。

• 丧失身份认同

“在这个世界上，我们是谁?”在我们完全暴露在原发丧失中以前，我们通常低估了自己对这个问题的回答的篇幅。

• 失去陪伴

本质上讲，最困难的时候通常是失去了重要陪伴的时候。某个与我们非常亲近的人过世，或罹患重病，或是离异，都会让我们的内心世界、亲密生活和日常生活发生根本性的改变。当与我们交谈最多的人、我们信任的人、我们向其寻求意见的人、我们爱得最深的人离开时，留下的空洞是巨大的，痛到无法言喻。

• 失去社交圈子

丧失和转变影响的不仅是我们最亲密的关系，还会改变我们的社交圈子，这样的改变通常让人感到非常孤单。我们可能会失去所爱的朋友和家人，可能会失去一些我们曾经以为亲近的人，因为他们不知道该做什么或者该说什么。我们还会隔离自己，因为害怕圈子里的人会说什么或者做什么，或者因为没有情感及精力参与。

• 失去信心

被开除的人、刚刚被诊断出疾病的人、准备离婚的人，等等——丧失会凸显我们生活中某些最苛刻的责任：有关我们的健康、医疗和法律选择、财务状况、住处，以及要如何养育孩子，这些问题就降临在我们几乎没有情感资源去学习和应对的时刻。

• 失去经济安全感

丧失会造成经济压力，如增长的医疗费、离婚律师的费用、失去的收入、育儿费用，还有一系列其他费用。一个为治疗不育而挣扎的女性这样说："我很难接受一次晚餐邀请，因为一顿晚餐足以抵我抽一次血的费用。"

与这些原发丧失相对的是继发丧失（secondary loss）。继发丧失更细微，通常情感上也更令人难以应对。然而，对我们来说也有好消息：这些继发丧失的情感影响，会随着朋友的支持而渐渐消退。下面列出的一系列继发丧失，是人们在生活中遇到困境时所体验的情感。

无望：哀伤这个东西仿佛永远也没有尽头。

但事实上不是的。任何一个在哀伤世界的人都知道，你无法跨越丧失，你将学会与它共生。直到那时，哀伤隧道终点的亮光就什么也不是了——就算是些什么，在最好的日子也看不出来什么。

害怕： 丧失、疾病、离异，或任何形式的转折都常常伴随着恐惧，因为你不知道前方等待你的是什么。你以担心可能会发生的最糟糕的事为结束（多亏互联网，担心比过去更清晰一些）。

脆弱： 如果你的疾病或者治疗导致你的相貌发生变化，你的外貌会引起他人的关注（询问或者奇怪的目光），这改变了你的生活习惯，比如去超市购物，或到公开场合的习惯。即使你的外貌没有任何改变，离婚，或者丢工作，或者生育困难……你的一点变化还是会引来他人的好奇，使你的生活好像成了别人八卦的谈资。

羞耻感： 哀伤、恐惧，还有深深的挫败感，会让我们因已发生的事，或因无法应对它而责怪自己。羞耻让我们感觉自己不配哀伤和恐惧，就像这样：

经历丧失、无望、恐惧、脆弱和羞耻，对接受帮助意味着什么呢？

“寻求帮助让我觉得自己是个负担。”

在经历重重困难时，我们可能会感到非常不值得被爱或被关注，认为自己只会不断地索取，是个负担。尽管在平时寻求帮助很正常，但在最低谷的时候，我们中的许多人宁可在沉默中痛苦着，也不愿意寻求帮助。

“我甚至不知道我到底需要什么。”

在痛苦中的人可能甚至不知道自己需要什么，直到他们恍然发现自己已经有三天只靠着可乐和扭扭乐（Twizzlers，一种糖果）活着了。很多时候，我们深陷痛苦，旁观者看到我们在工作中带着痛苦，黑眼圈越来越重，水池里的盘子叠积的速度比刷的速度快。

“我被压垮了。”

一连哭了几天，感觉很麻木，几周都没睡觉，假装没有很难过，好让其他人在你身边时舒服些——这些都很累人。处理生活的“乱麻”本身已经很难了，在最低谷的时候，可能还有与困难时期相关的一系列额外的责任，生活变成充斥着杂乱、未做事项的龙卷风，比如洗衣服、购物、打扫、照料孩子，等等。工作和家中的事情并没有因为你的世界停止运转而停止。确定要做什么以及谁能做，这意味着分工和协调工作，管理每个人在工作中的情绪，处理偶尔需要跟进的工作。这些已经足够使人想要钻进洞里，什么也不做了。

结果是？

如果一个人在一堆盘子或一堆账单前哭泣，
他过去的生活感觉就像一堆残砖废瓦，
寻求帮助可能会很痛苦，甚至没有意义。

这意味着作为一名热心的旁观者，你有机会，也有责任出现，即使没有被问到也应该去提供帮助。是的，如果你不习惯，这样做可能会感到有些尴尬或者不舒服。如果你担心没能很好地提供帮助，或是会说错话，或者感觉像个大傻瓜，请记住，和深陷其中的人相比，你糟糕的感觉还不及其一半。

伸出援助之手一起摸索
通常比根本
不伸好得多。

第二部分

提供支持的三个真相

第3章

善意
就是你的证明

“罹患重病非常孤独。一个人最糟的选择莫过于因为害怕做错事和说错话而什么也不做，什么也不说。这只会加深孤独感。”

——特里，患结肠癌晚期

麦蒂清理着散落一桌的曲别针，把一盒彩笔都倒进电脑包，心想：原来就是这种感觉啊！（为公司效力这么多年，她觉得理应带走这堆破笔。）“这种场面我已经看过太多遍了，我早该知道自己最后也会是这个下场。”她花几个小时记下了重要的联系人，看了看她曾引以为豪的工作成果，最后把它们都塞进包里。但离开前，她无法避免地要忍受着羞耻在人前走过。

她告诉自己：抬起头，就像平时一样。她走过 11 层全都是玻璃办公室的长廊，办公室里的每个人都是她的同事。往常这些人会抬头看看她，冲她点头、微笑，给她一个一会儿一起喝东西的手势。

麦蒂在往外走的路上想，如果自己早知道被解雇是什么感觉就好了。她知道，自己曾经也是那类回避的人。她多希望自己早就知道在这个时候给他人一个小小的手势、一个友善的示意并不会很难，总比什么也没有好。

曾有人问起纽约前市长、百万富翁迈克尔·布隆伯格（Michael Bloomberg）之前被所罗门兄弟公司（Salomon Brothers）辞退的经历。他说自己仍记得在他离开时每个主动接触他的人，但不记得任何在他升职时向他道贺的人。正是因为这段经历，每当他钦佩的同事被辞退时，他都会请他们吃饭，并且坐在餐厅里最显眼的位置上。

随着年龄增长，生活也许会变得越来越平庸，留下的只有曾经的离别、职场上的挫败、发胖，还有脱发。最终留下的并不是那些在我们仿佛站在世界之巅时所拥有的耀眼夺目的关系，而是在最低谷时经历过锤炼的关系。

本质上，支持就是对他人表示关心，是一种引导我们选择安慰他人的关心。因此，

提供支持的
第一个真相：
你的善意
就是最好的证明。

为什么善意很重要

如果你总想着要掌握安慰别人的最好方式，特别是因为想着要避免说什么或做什么而感到焦虑，就很难意识到善意本身的价值。善谛项目（Shanti Project）的创始人查尔斯·加菲尔德（Charles Garfield）在开始培训照顾病人的志愿者时说："每个人都想学到技巧。该怎么说？怎么做？但在人临终的时候，没有什么技巧比想照顾他们的善意本身更能赢得信任了。如果你只从培训中学到一件事：你的善意就是最好的证明。"

那些在乎的人
该如何放下顾虑，提供帮助？

善意的核心是完全抛弃本我和自利去为其他人做点什么。善意的决定性特征是自愿、有感而发地帮助有需要的人。经历亲友自杀的人在丧失的同时也承受着污名化（Stigmatized loss），凯尔西的研究中就有这类群体。

这些人收获的支持经验表明，主动接触他人并不一定需要能够侃侃而谈。一位女士这样描述道：

> “人们很难跟我提起我妈妈自杀的事，这对我的表姐来说当然也不容易，她跟我说的话很明显是照着一份写好的稿子背的。事实上，对我来说，她这种努力比她写了什么更重要。有人过世时，家属一般都会得到他人的安慰，而我被剥夺了这种待遇，每个示好都如落在贫瘠大地上的甘霖一般。”

在某种程度上，所有的困境
都混杂着羞耻感、恐惧和孤独。
在这种时候，我们不需要
任何人来侃侃而谈，
或者讲四两拨千斤的话，
让我们不再痛苦，
我们最需要的是
付出背后的善意。

为什么是善意？

善意来自一个最基本的社会情绪：慈悲。但是慈悲到底是什么？有各种各样关于慈悲（还有共情、利他、同情、善意）的定义和理论，我们倾向于密歇根大学慈悲研究室的研究者提出的定义：

慈悲是指注意到、感受和回应。

首先你得注意到，正如你听到的那样，正因为我们很容易忽视他人的痛苦和恐惧，我们一直在错过表达慈悲的机会。看到或者想到他人的难处是提供安慰的前提。

我们还需要去感受对方。这就是情绪专家保罗·艾克曼（Paul Ekman）博士所说的情感共鸣。注意，不要和相同共振（identical resonance）弄混了，后者的意思是和另一个人感觉一模一样。这样的支持会非常无益。比如，当你看到某人的手着火了，如果你感觉自己的手也同样强烈地灼烧着，你给朋友拿冰块的可能性就会大大降低，因为你正关注着自己着火的手。

情感共鸣是你能足够感受对方，
但又没有到自己也需要帮助的地步。

最后，在注意到、感受到某人的痛苦后，以支持性的情感和表示来回应。研究道德勇气发展的政治科学家克里斯汀·门罗（Kristin Monroe）对理解慈悲行为提出了有价值的见解。门罗认为，慈悲不该只停留在想法层面，而应该是指我们的所作所为。这种举动纯粹是为了另一个人的利益，可能甚至得不到任何肯定，还会损害我们自己的利益。

有一系列伟大的品质，门罗称之为伟大的慈悲（herotic compassion）。有一点要说清楚，这种损失并不意味着要花光自己的存款，或以家庭、辞职等任何个人代价来帮助有需要的人，但确实是为了他人而麻烦我们自己。

我们的慈悲心都有不那么伟大的时候。比如，埃米莉可能感觉到邻居生完二胎后焦头烂额，但实际上什么也没有为她做。为什么呢？因为埃米莉当时的工作太多，所以没有选择优先帮助邻居。

请不要怪她。

有时候我们就是无法做该做的事。有时是因为我们对另一个人的关心不足以让我们愿意给自己增添麻烦，有时是因为生活条件不允许。我们这样认为：

1. 我们没有能力去帮助每一个需要帮助的人。
2. 但事实上，我们实际可以提供的支持往往比自己认为的要多，并且提供支持还可以熟能生巧。

慈悲心是有回报的，所以人们的慈悲心会越来越多，就像小白鼠在有奖励的条件下能够学会如何走迷宫一样，人也会被正强化鼓舞。若想了解我们行善时的生理、心理变化，并不需要相信因果报应（这是经过科学证明的）。如果能注意到慈悲心所带来的生理和心理上的奖励（还有道德奖励），我们就会更愿意行善，因为我们更喜欢做让自己感觉好的事。

盖尔阿姨可能发现你没有感谢她送给你新婚礼物。如果你跟盖尔阿姨已经有 20 年没有联系了，当你发现她的第二任丈夫哈罗德过世时，你会琢磨一下自己该不该表示关心。如果你不关心，她也不一定注意得到，但关键是：如果关心了，会让你感觉如何？

还有一点虽然显而易见，但还是值得一提，因为它对我们的幸福很重要：善意会加强关系，让你更开心。知道这一点，会让衡量是否要提供帮助的天平向好处一边（幸福、更好的关系等）倾斜，而不是向弊端（害怕、麻烦等）一边倾斜。

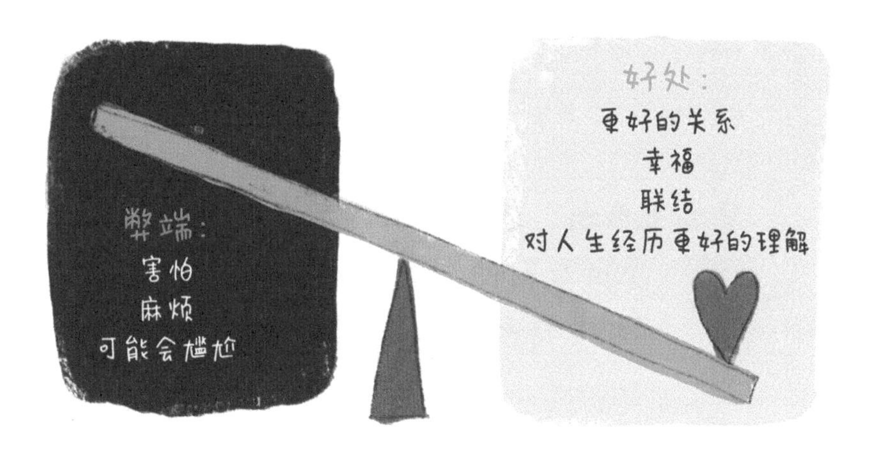

慈悲是什么感觉

现在，你已经准备好（伟大的）慈悲心了。在第4～6章，我们会探索慈悲行为是什么样子的。现在我们来看一看慈悲的本质：让我们宁愿麻烦自己（可能是翘掉非常好的瑜伽课），就为了帮助某个我们在乎的人。

本质上讲，慈悲是接纳痛苦。这并不是指完全淡漠，一点儿也不在乎，就像你跟别人说：“嘿，事情发生就发生了，生活还要继续。”这也不是从理智上接纳痛苦，就好像通过冰冷的数字来看待他人的悲剧：“嗯，你知道有五分之一的可能性会是……”而是明白我们每个人都可能会经历很糟的事情。事实上，坏事一直都砸到好人头上。

同时，慈悲不是对别人的痛苦大惊小怪或畏惧，这是可怜而不是慈悲。

只发表感慨，但实际上没有感同身受，
这种看到他人痛苦的方式，
与支持型慈悲是相悖的。

残疾人和老年人经常遇到这种情况，因为他们经历了永远的或者长期的消极变化，显得与其他人不一样。对他们而言，面对当下所处的糟糕、恐怖境况时，仿佛整个人格都不复存在了。

慈悲≠可怜

当你意识到坏事也会发生在好人身上，并且坏事也会发生在你身上的时候，你就会意识到痛苦面前人人平等。慈悲并非建立在一方总是很糟糕，另一方总是拯救世界的关系之上，而是在了解到彼此的生活中都有过很多糟糕的时刻后建立的。

共情练习：
钻到井里

我们能给另一个人的最大安慰，是和他一起钻到“痛苦之井”当中。有两个技巧能够帮助你下到井中，感同身受而不只是感慨：

- 每当你感慨某人的痛苦时，想想你有相似感觉的时候。不要执着在自己的感觉上，要轻轻带过然后放开自己的痛，把关注点放回到对方身上。

- 记住你为其难过的人是一个完整的人，不只有现在的处境。想想他们的优点，比如，他们的韧性、幽默感、工作激情，想想你认为有助于他们走出低谷的方面、表明他们仍然很出色的方面。如果你不太了解他们，那就想象他们有这些品质，他们很可能确实有。

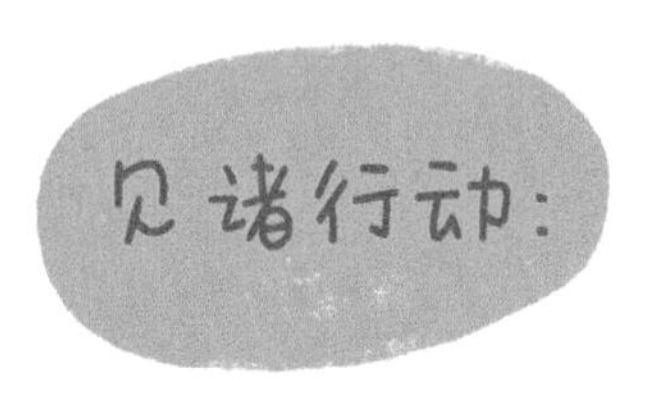

场景1：看见一个七八十岁的老人牵着狗慢慢爬陡坡时，你可能会有以下一些想法：

- 啊，那个可怜的人拄着拐棍，走得那么慢，无论去哪儿可能都要好久。我真为他难过。
- 哇，这个人真的很激励人，走这么陡的坡，希望我老了之后也能像他一样。

场景2：邻里间的聚会通常都是和伴侣一起参加，把孩子留在家里的。一位最近丧偶的新邻居也来了。她走到临时放酒的吧台前，给自己倒了一些白索维农酒。你可能有以下两种想法：

- 她一个人，没有伴侣一起，真可怜。

或者

- 你很羡慕她的勇气，你想起有一次你的丈夫蒂姆不在家，你就不敢来参加聚会。受到她勇气的影响，你推测她可能很不一般，甚至可能想了解她。这并不是因为你想帮她任何忙，而是因为你敬佩她的选择，你觉得她这个人可能很有意思，你对一个人独自参加聚会的感受有共鸣。

慈悲和共情有什么区别呢？

从是否要给你病中的邻居送饭这样的决定中，可能看不太出来慈悲和共情的区别。但这两者是不同的概念，如果你想培养其中的某一个，最好先了解两者的区别。

我们略去学者们对慈悲和共情之间区别的争论，直接向你展示我们的结论。

我们认为慈悲是内心对他人痛苦流露出自然的、本能的反应，在遇到你有类似的痛苦经历时最可能出现。你知道丈夫离开你是什么感觉，所以当你的同事经历同样的事情时，你自然地流露出慈悲心。共情是当你用想象力去想象没有经历过的事情，甚至可能和你了解的情况完全不同。共情有助于发展出更多的慈悲心。

慈悲＝注意到、感受、回应
共情＝慈悲＋想象力

有一个例子可以帮你更好地理解它们之间的区别。想象你和凯尔西一样，是个乳腺癌康复者。康复者通常会直接或间接地听到“乳腺癌不像以前那样可怕了”的说法，已经有好的治疗方法了，不用再担心复发或者畏惧这个病。作为康复者，你很怕听到这样的话，因为这否定了你真实又可怕的经历。对你来说，这些害怕不是说着玩的。

现在想象你是一名乳腺癌康复者，跟一个正闹离婚的朋友聊天。这个朋友很担心50岁的自己再也找不到爱人了，而你50岁的表妹得用棍子才能把身边的男人赶走，名人杂志上也充斥着和年轻男人约会的女性。还记得《欲望都市》（*Sex and the City*）里面的萨曼莎吗？男人有的是。加上你朋友的条件很好，所以你觉得她的担心非常没有必要，甚至可能还有点不理智。你甚至可能对需要安抚她这件事有点不耐烦，你只想跟她说“别疑神疑鬼的，会没事的”。

从这个例子中可以看到，你对其他乳腺癌康复者有关复发的恐惧很容易产生慈悲心，但是对要离婚的朋友害怕自己会孤独终老没那么有慈悲心。同情那些和我们处境相似的人是慈悲，而同情处境不同的人需要共情。共情是能够从已知

情境中抽出核心体验的能力，在这个例子中是“担心最坏的情况发生”，然后再用它去想象，在看似完全不同的情况下会是什么感觉。共情练习得越多，就越容易在他人处境和我们完全不同时产生慈悲心。

共情练习：从慈悲到共情

可以用自己的某个经历练习一下，想象一下如果经历完全不同会是什么感觉。

想三个你亲身经历过的非常难过的经历，可能是流产、失去亲人、患病、分手，等等。

现在想三种你自己没有亲身经历过的情景，可能是不育、离异、失业，或者你此时了解到的某人正在经历的很具体的事情。

你经历过的和没经历过的事之间有什么共同之处吗？可以想想以下这些提示，把它们联系起来：

- 失去社交圈子
- 害怕、情感崩溃
- 丧失身份
- 羞愧
- 经济困难

我们越多运用共情想象力，就越能注意和体会到其他人的痛苦。我们不需要穿着他们的鞋走上一公里才能意识到他们需要支持，我们只需要注意到、感受和回应，并且想象那个人可能会遭遇的经历。

只要你在乎，
你的关心就不会被辜负。

我们大都认为关爱很重要，但我们仍然怀有疑问：痛苦中的人真的在乎我是否关心他吗？更烦心的是，痛苦、悲痛、惊慌失措的人会不会觉得我是在多管闲事？你还很可能纠结下面这些问题：

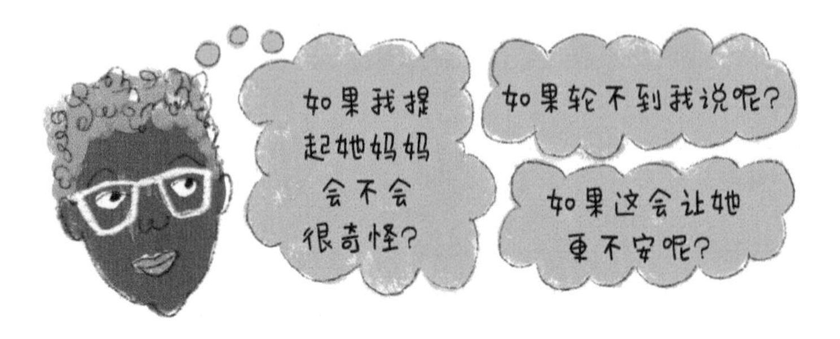

- 一位邻居丧偶，你虽然不知道他的名字，但是你之前总跟他打招呼，你应该说点什么吗?
- 20 年前的一个老朋友被诊断出癌症，你会去联系他吗?
- 你钦佩的同事最近被解雇了，如果既想表达安慰又不想让他尴尬，该做什么呢?
- 你的好朋友流产了，你如何知道她是否想聊聊呢?

没有哪个公式能够准确计算出在什么时候“轮得到”谁伸出援手。然而，无论你和处于低谷中的人是什么样的关系，你的表示合不合适在很大程度上是由你赋予它的价值决定的。

想想痛苦中的你想要回避其他人接近的经历，最令人讨厌的往往是让当事人不得不去处理其他人对遭遇的反应。

除了你自己的痛苦外，
你还会想这些问题：

她会不会是想窥探
我摇摇欲坠的婚姻
来让自己感觉
更好呢？

他们会不会觉得
我想做试管婴儿
很自私呢？

他会不会
对我选择的
癌症治疗方案
很不以为然呢？

经历了许多泪水和后悔，
我们很多人都明白了一件事：

我们不能把
痛苦和恐惧
暴露给每个人。

很多人都会有看法，很多时候这都没什么问题，看法也是性格的一部分。慈悲不该让你变得无趣。但如果是在身边的人脆弱时，对他们的痛苦发表太多看法会让对方不太敢与你分享私人问题。

这是因为……

人们不愿意在遇到问题的时候还被指责，
还得为自己的选择辩护。

如果你想让脆弱的人感觉你是可靠的，先考虑下面这两点：

- 每当我八卦他人或者对他人的痛苦有所非议时，任何见证了我这样做的人都会在自己经历痛苦的时候不那么相信我。
- 如果有人跟我一起对别人的痛苦评头论足，那么这些人也不太可能接纳我的痛苦。

我们都会有一些主观性判断，尤其是在很恼火的时候，或者想要填满对话时间的时候，或者过于粗心的时候。想要改变这个习惯，我们有下面三个准则：

- 我会以慈悲和共情的态度看待他人的困难。
- 我不会因为他人的困难来评论他们。
- 我也不会八卦他人的困难。

扭曲的慈悲：强迫他人接受型和烦恼型

拥有助人的初心并不代表我们助人的方式不会惹人烦。罗杰斯先生总说："多看看生活中的助人者。"对于看过罗杰斯先生节目的人来说，前面那段话听上去就像是亵渎。

但善良的、善于帮助他人的人（就是弗雷德·罗杰斯先生说的那种人）和“惯性助人者”之间是有很大区别的。惯性助人者利用其他人急迫的情况来增强自我价值感。如果我们助人的动机是出于不安全感，就像之前提到的，那么成为“完美助人者”可能会是一个非常诱人的奖励。我们内心中渴望被需要的一面有两个最明显的表现：

强迫他人接受型：

有的人会在他人遇到困难时强加给对方许多建议，包括一些不被人欣然接受的建议。

烦恼型：

有的人会在他人遇到困难时表现得非常紧张，好像自己非常被需要。

你不希望在痛苦中的人
感觉欠你人情，
而希望他们只是
感觉被支持而已。

强迫他人接受型和烦恼型的人都对自己的助人能力大肆渲染。但强迫接受型是自恋的，他们无法看到痛苦中的人的需求，更多关注的是自己的看法和建议；烦恼型的人对痛苦中的人的表情和情绪非常敏感，如果没有获得大量的肯定，他们就觉得自己好像做不好助人这件事。

如果你发现自己会问对方很多具体关于如何提供帮助的问题，并且不停地和对方确认自己的做法是不是有帮助，那你可能属于烦恼型。如果你发现自己有这种倾向，千万别惊讶，因为我们也都有。

如果你发现自己觉得付出从未被感激，那你可能属于强迫他人接受型。如果对方没有采纳你好心的建议或者去求证你提到的信息，你可能会感到被冒犯；在危机中的人没有回你电话或者短信，会让你认为对方是不领情。你可能注意到别人在你面前会封闭自己，不再与你分享感受，甚至可能回避你。

我们很多人都是强迫他人接受型或是烦恼型。想要给予所爱之人以帮助是件好事，所以如果你发现自己在帮忙过程中有其中任何一种倾向都不必自责。但如果你想试着稍微改变一下，有可能会变得更有效，下面有一些做法可供参考：

	不要这样做	试试这样
强迫他人接受型	“你怎么没告诉我呢？”	“我很抱歉，你还好吗？”
	“我真的觉得如果你来家庭周年聚会会好很多。别让那些小孩子接近你。参加聚会没准儿会让你更容易受孕呢。”	“我知道现在接触孩子对你来说很难，但你的参与对我们来说真的很重要，你想和我一起布置场地吗？”
	“别这么低落，你应该跟我们一块儿去，会很有意思，对你会有好处的。”	“如果你不想聚会，我能找你一起看个电影吗？我们也不需要说什么话的那种？”
烦恼型	“我昨天给你打电话了，但是没有收到你的回复。我很希望你能给我打回来，让我知道你都还好。”	“我刚刚给你发了条消息（短信、邮件），不必回复。”
	“我没收到你的回复，你有收到我寄的包裹吗？”	不要提起包裹的事，就当它已经到了。
	“我想买一双拖鞋带到医院去，但不知道你喜欢什么颜色，棉拖鞋好不好？如果我什么都不带可以吗？或者我可以帮你带点别的？”	把拖鞋买下来，希望对方能够接受你这份心意。不必在乎对方最后会不会把拖鞋送到二手店去。
	“我想从饭店买一张代金券送你。离你最近的饭馆是哪家？他们送餐吗？大约要多少钱呢？”	自己去查重要信息，不要顾虑太多细节，直接送。（但送之前先要了解对方有哪些忌口。）

认了吧：
有时候我们不在乎，至少是没那么在乎。

就是这样。我们之前提到埃米莉和她邻居刚为人父母的例子，有时候我们不会被对方的困境感染到要为了对方麻烦自己，我们不可能在日常生活中对每一个发出痛苦信号的人都施以援手。这很正常。

有时候我们是因为一些不太好的原因才在意的，比如有一点点幸灾乐祸，或者就是为了了解他们而去打听事情的细节。虽然这种情况不太好，但没有人一直都很好。重要的是，我们知道什么时候自己的做法不太对，并且最好能避免。

反过来，比如，你一直比较喜欢你的邻居苏珊，她瑜伽练得特别好，永远给孩子穿戴得整整齐齐，事业如日中天，但她看起来总有点不开心，因为她总是追求完美。如果她突然离婚了，你可能会对她非常关心。可能因为你自己也经历过类似情况，你丢了工作，觉得生活哪里都跟预想的不一样，好像所有人都能看到你的失败。你可以试着去帮助她，尽管你只是邻居而已。但实际上你更是一个真心在乎她的人，要相信这一点。

相信你自己的慈悲心。

我们都会从对他人有更多的慈悲心中获益，但也有例外。这也是为什么在凯尔西的共情训练营中有大量关于我们实际上能帮多少忙的讨论。

在三种情况下，我们应该在帮助别人之前停一下：

1. 有时生活就是这样，危机总是发生在最不合适的时候。

同事在重要项目落地前检查出了癌症，你的好朋友在你一项重要工作的截止日期前与另一半的关系摇摇欲坠。就在我们觉得照顾自己都格外费劲的时候，可能我们会被叫去照顾其他人。研究发现，当我们压力大的时候，很难对其他人产生共情。

2. 你关心的人可能真的非常难照顾。

对方的问题远远超出了你作为一个普通人在情感上和经济上能够承受的，比如严重的精神疾病、成瘾或痴呆。

3. 我们生活中有一些索取者，他们想要的总超出我们能给予的范围。

个人成长作家马克·曼森（Mark Manson）称这类人为“情感吸血鬼”，生活中最小的委屈都会让这些人情绪爆发。他们永远感到委屈，对他人失望，真的是非常难照顾的群体。

这种时候要爱惜一下自己。可能你什么也做不了，或者一点儿也不想做。并不是因为怕麻烦（帮助别人总会有一点点麻烦），而是你意识到在自己付出的同时也无法避免情感枯竭，还可能心怀不满。下面的这些内容会引导你该如何关照他人和自己。

- 觉察你自己内心怎么样

  你可能并不是因为对方提出的任何真正需求而烦躁，他们可能什么也没要，有可能只是因为你当下生活中的压力比较大。

- 花点时间注意你自己的压力

  这影响到了你的共情能力吗？几个深呼吸可以改善在你想到他人的痛苦时由压力引发的烦躁。

● 花点时间探索自己

我觉得自己能为这个人做些什么？你会发现答案会随时间变化。我得为这个人做些什么？还是，我想为这个人做什么？要练习这样的心态：我没责任要做，是我想要做。

● 看看第5章

我们将描述如何控制你总认为该做些什么的压力，并且想一想如何能抛去不必要的压力，轻松地做些力所能及的事。

如果你是因为在乎甚至是想要加深你们的关系而陪伴对方，可以想一想什么程度的支持能够帮你达到目的。你还要知道，关心他人也是有界限的。你没法给对方所有你认为你应该给的东西，这很合理。你也没法总是给对方他们想要你付出的东西。

凯尔西说：

在生活中，有些人有非常严重的长期问题：成瘾、重度精神疾病、痴呆，等等。看到我们深爱的人陷入深深的痛苦，我们本能的反应是付出任何代价都要帮助他们解决问题。很多年间我都在负罪感、爱和愤怒中挣扎，每天我都质疑自己能为患重度精神病的妈妈做些什么。这本书没法帮你处理这样的危机，我们只能说你的情况真的很不容易。你可以通过寻求专业帮助来找到改善的方法。我曾宣称什么组织都不参与，但最终还是参加了一个由处境相似成员组成的支持小组，这对我帮助非常大。当我在这个不完美（很多时候非常糟糕）的情况中摸索时，我得到了理解和谅解。

小结：
做自己就足够了。

如果我们对自己都没有慈悲心，对他人就更不可能有了。没有人是完美的，你不是，你依靠的支持者也不是。善良不代表你不会成为强迫他人接受型或是烦恼型的人。可能你有设置人际边界的问题，可能你当下的生活正充满压力，这种时候真的很难再改变或者增添其他安排。我们只希望你能意识到阻碍完完全全表达慈悲的人性：面对麻烦时的压力，对于设定边界的害怕，还有想要把事情做完美的压力。

如果我们要全身心地付出，
我们首先必须要给自己爱心。
因为危机中的人真正需要的
并不是技巧娴熟的完美，而是你。

第4章

倾听：无声胜有声

我爸问我："还能坚持坚持吗？能去做咨询吗？"他总希望我能找到一些挽救婚姻的办法，而不是简单地听我说，或者只是问问"你现在怎么样？感觉如何？"

——蒂娜，经历过离婚

维多利亚的丈夫背叛了她。这不是她的错，但事情就这样发生了，简单清楚。她的丈夫是个无赖。那她知道多久了？她嫁给道格已经7年了，6年前，当他在沙发上烂醉如泥，手里还握着一瓶啤酒的时候，笔记本电脑就在一边开着。她满怀爱意地过去给他盖被子，那条信息赫然摆在那里，任何人都会看到：周二午餐时间？机场的喜来登酒店？想你哟。苏珊。

维多利亚关上了浏览器，把电脑收了起来。她再也没有提起过。但是这些年她时不时地查他的邮件时，发现还有其他女人：卡里萨、希瑟、莫莉。

她很可悲吗？

她姐姐肯定是这么认为的。

第8年，维多利亚觉得也许要一个孩子会让情况有所改善。他们当时已经有了60 000美元的债务，而这个男人需要一些刺激才能去找一份稳定的工作。她决定给道格做他最喜欢吃的炖肉，然后趁机提这件事。道格走了过来，吻了她一下，吃了两口肉。

“我觉得我们应该要个孩子。”维多利亚心怦怦地跳。

道格眨了一下眼睛。

“亲爱的，我要离开你去找多萝西了。”道格说道。至此，维多利亚有了她的答案：离婚。

经过几个月的法律手续，维多利亚渐渐开始一个人生活，正当她每天都感觉很糟糕的时候，一个快被遗忘的老朋友安娜出现了。安娜曾经是一个很有活力的人，到处拉人去上舞蹈课的那种人。当安娜听说维多利亚正在闹离婚时，她带着千层面和一大瓶黄尾红酒来过夜。

“你不需要一个空荡荡的房子。”安娜说。

安娜离过两次婚，算是“内行”。维多利亚不得不承认安娜说得对，空荡荡的房间仿佛一直在嘲笑她。寂静是另一种悲伤，一直在蔓延。

因此安娜一直来探望她，维多利亚也一直同意她来。安娜带着墨西哥卷、通心粉、焗通心面和土豆。她们在厨房喝茶聊天。安娜没有对维多利亚说“道格是个混蛋”或者“他浪费了你的青春”这样的话。

“毕竟你选择了嫁给他，一定是有什么让你觉得他好。”安娜说。

维多利亚点头。确实是有好的部分，这也是为什么她常跟这位最近亲密起来的旧友哭诉。

维多利亚知道没有他，自己能过得更好，但感觉上却不是这样。安娜说，在不算很长的时间内，她不会过得更好，但是最终会的。过了很久，维多利亚决定相信她的话。

我们都知道听到不想听的话会有多难受，而说错话又有多容易，所以很多人遇到感情上沉重的事情就干脆保持沉默或走开。我们知道能有人聊聊天会欣慰很多，但也清楚这样的对话有多容易让人觉得难以招架。还好，通过练习这类对话会让事情变得容易很多。毫无疑问，这种交流也是建立深刻、信赖、无法动摇的人际关系的最好方式之一，多多益善的那种。

提供支持的第二个真相：无声胜有声

与处在困境中的人交谈的最好方式不是说话，而是倾听。

还好，**倾听**比穷思竭虑地找**"有用"**的话容易得多。

一个母亲的孩子患有囊性纤维化，她跟我们说：

> 人们以为只听不说对交谈就没有任何贡献。截然相反，听我描述这个可怕的疾病是我能收到的最好的礼物之一。

倾听有巨大价值这一点可能对我们每个人来说都不陌生，但在出了大麻烦，你的朋友处于痛苦中时，"我怎么能让他感觉好一点？"又是非常自然的反应。

我们本能地想要
说些什么，
无论是什么，
只希望能让这种情况好转。

在钻进拯救模式——提各种建议，换角度看问题，问一系列澄清情况的问题之前，你真的要注意沟通专家所建议的，尽可能达到所谓的“情感共鸣”状态（参考之前讨论情感共鸣的部分），意思是通过倾听调整到当事人如何感受自身处境的状态。

如果去问那些受伤的人，倾听最重要的是什么时，他们肯定会说，是有人能够不加评判地倾听他们的经历。不止如此，倾听其实会帮助他们在讲述的过程中更好地理解自己的经历。一个参加过共情训练营的人这样说道：

> 在我与妻子的关系走下坡路的过程中，我的家人和朋友在多年间都耐心地听我讲述。如果我不反复（烦人地）讲好几遍就没法想到最好的解决办法。

学会闭嘴

要倾听最先要做好的，也可能是最大的挑战，就是在某人讲话时安静地坐好。

当你倾听时，你的注意力完全放在那个人所说的事情上，并且没有同时在想要怎样回应。(对，这对我们很多人来说都不可思议)。大部分情况下，这是我们能给予的最好的倾听。

所以当你的朋友跟你说了一个很糟糕或者很可怕的消息时，你可以练习在回应之前等3秒。听起来好像时间很短，但事实上如果你不习惯这样做，3秒就好像永恒那么久。现在准备好练习收敛并适应尴尬的沉默。

如果倾听的沉默

让你感到

不舒服，

那并不是

沉默的问题，

而是你不适应。

有几种情况可能会发生：沉默一直持续，你们两个人在沉思中静静地坐在一起，感受生活有多辛苦，这种体验其实非常深刻和奇妙（并不会觉得肤浅和尴尬）；你的朋友也可能会讲出更多的经历填补空当。无论哪种都促进了真诚的沟通。

为了帮你学会更好地倾听，我们先做一个小测试，看看我们很多人都有的一般常见的反应方式。

埃米莉接近于智者/刨根问底的人
凯尔西接近乌鸦嘴

下次当你听某人讲话的时候，不管讲什么，尤其是在讲很敏感的话题时，记录一下你倾向于如何回应。拿出勇气来，我们每个人都至少有一种非倾听者倾向（这一章和下一章中会有很多具体介绍），然后再练习不去做你平时会做出的反应。

接下来你要做的就是：保持安静（整整3秒！）和倾听。

共情练习：
听一个朋友讲话

找一个朋友练习：每个人两分钟，讲一个你生活中比较艰难的故事。最好选一个现在情感上已经不会很激动的，但过去对你来说很重要的事情。规则如下：

倾听者：

完全不说话，连澄清的问题也不要问。你可以点头，通过表情表现出你在听，但是要记得承受住尴尬的沉默。

讲述者：

讲述你的故事，就算沉默让人有点紧张，你也要一直讲下去。

在你们都分享过之后，思考以下这些问题：

讲述者：

- 在没有被打断的情况下，有足够的“空间”讲述是什么感觉？
- 倾听者有做什么让你很放松的事情吗？或是让你不舒服的事情？
- 被倾听的过程中有什么特别棒的感受（尤其当这个事例并非编造出来的）？

倾听者：

- 当另一个人说话时，你有没有想要插嘴说些什么的时候？你想脱口而出的是什么？（这是发现你是哪种非倾听者的好机会。）
- 在整个讲述过程中保持沉默是什么样的体验？保持沉默让你产生了哪些顾虑？
- 你从倾听中得到哪些好处？

共情建议： 别担心，即使没有合适的练习对象来做这个倾听练习，你仍然有许多练习机会。当你决定要在倾听上下功夫时，你会发现身边都是倾听的机会。有可能一个同事正在描述她结束产假回归工作的经历，或有一个朋友正在抱怨和邻居的冲突，无论哪个都会是练习的好机会。就算是一个看起来没什么的情境，你也可以问“这对你来说如何？”这类的问题，然后安静 3 秒看看会发生什么。

倾听的类型：

我们所描述的那种倾听——保持安静，让另一个人倾诉直到他讲完，就是一种非常好的倾听，我们称之为共情式倾听。研究发现，共情式倾听是最有价值的。它帮我们建立联结和信任，并且鼓励人们敞开心扉。它还帮助我们从情感上调整到另一个人的状态，在这个过程中有 95% 的时间都是沉默的。我们可能会说几句鼓励对方分享更多的话（我们会在后面部分讲更多），当产生共鸣时你可能会点点头，但绝大部分时间都是在鼓励对方继续说下去。当对方停顿的时候，等 3 秒之后再开口。通常，沉默一会儿之后，对方又会出现其他想要说的内容，这 3 秒会给她一些时间。如果你太快开口，可能会打断她想要表达的内容。

实际上，共情式倾听是希望给他人带来这样的影响：

> 当我沉浸在哀痛中时，好建议也没有益处，只有倾听才有。我的大学室友多年前失去了她的父亲。和她在一起的时候我从来没有感觉到我得调整状态的压力。她总是什么也不说，让我沉浸在悲伤中，感受悲伤，接纳悲伤，让我可以充分地体会它，再放开它。
>
> ——达拉，失去母亲

当我们想支持他人时，还可能涉及另外两种类型的倾听：

事实型倾听： 在事实型倾听中，我们总想要记住他人所说的有用信息。

在平时，可能是朋友分享的一个菜谱，或是告诉你的一个好电影，我们倾听是为了记住以后要回想起来的信息。在遇到困难时，我们可能想记住某些具体情况，好在之后帮到他，比如可能会传达信息给其他人，或是帮他们找到资源，或者仅仅是想更好地准备之后的交流。

但在倾听事实时，有许多需要注意的地方。凯尔西的共情训练营所做的倾听练习是在其他人讲述时保持安静两分钟，做练习时有两种情况难免会出现：①有的人无法控制自己不去问澄清型的问题；②讲述者反馈说澄清事实这样的行为很烦人。

当然，我们问问题是出于好意，想在充分了解情况之后再回应。但是这种倾听会阻碍分享，因为：①大家更想要的是倾诉负担而不是寻求某个具体的答案；②找事实的问题会导致交谈从讲述人想要说的内容，转移到提问人想要知道的内容；③事实型对话很冰冷，好像剖析，而没有感情。从长远来看，虽然了解事实对提供帮助很重要，但安慰人并不需要太多具体信息。如果你是为了以后提供帮助，那么在需要问澄清型问题或要了解一些信息时，要确保你已经通过共情式倾听和对方建立了某种信任。

批判型倾听： 在批判型倾听中，主要目标是分析和评价我们所听到的内容。

批判型倾听帮助我们形成观点、判断，甚至一系列辩论。在工作中会用到很多，有时在吃饭时也会用到，但在他人经历痛苦时，批判型倾听鲜有帮助。在这种情境下，批判型倾听可能表现为倾听者从自己的角度描述对困境的理解："在我看来……"，或是想解释事情为什么会变成这样，总之都在给痛苦中的人提供他没有想到的视角。

用这种倾听技巧会比事实型倾听更受限，你对某事的不同观点很容易被当作否定。在边喝无限续杯的含羞草鸡尾酒边闲聊时或者开会时这样做都没有问题，但当有人正感到受伤、非常敏感时，感觉自己被人评价就是非常不愉快和感觉受伤的。除非对方要你评价，否则不要这样做，即使是对方要求你这样做，也要非常小心。

共情建议： 如果对方信任你，你可以问个问题来确定哪种倾听最合适："你想要安慰还是想听真话？"如果对方只是想要一些安慰，请用共情式倾听技巧。如果他们想要听真话，希望你实在地帮他们做评判，那么你需要确保自己先用一些共情式倾听技巧，调整到他们的情感状态，这能帮助你在给出评价时仍能让对方信任你。

打开话匣子的人：建立情感联结的方式及更多

现在你稍微了解了倾听，我们接下来要讲对话中更细微但更难的部分：说话。知道说什么，以及何时说。我们从支持性沟通中的两个简单原则开始。

1. 你没法解决问题。
2. 你永远也不会知道他们感觉如何。

你无法解决问题
（你也不需要解决问题。）

当我们试图帮助他人时总会犯这类错误，这可以追溯到我们早年学会的一个道理：

当我们亲近的人为丧失而痛时，不管是失去什么人，还是失去过去“正常的健康生活”、婚姻或者工作，或是失去本以为会到来的事情，比如一个孩子的诞生，我们的本能反应是帮助对方解决问题。我们会说“再等等”，或者“你很快就会有新的__________（孩子、工作、另一半……）”，或是“你有没有试过……”

如果是谁丢了苹果手机的话，这种安慰方式挺好。但当一个人正经历重要丧失时，这样做真的没什么用。许多情况下，悲伤的人永远也回不到“正常”了，因为他们整个人生都被改变了，没有“正常”可以回去。对于这种冲击很大而又没有解决办法的处境，许多我们以为会有帮助的本能反应其实并不合适。

看别人分享难处时都有过那种感觉：当我们努力想要找办法“解决问题”或者换个角度看事情时，发现对方会低下头，手臂交叉在胸前。看到对方封闭自我时，我们也开始舌头打结，磕磕巴巴地想找话说——任何能让自己不这么尴尬的话！这使我们开始高谈阔论，而对方会感觉我们好像为了达到自己的目的，把他的每一寸痛苦都过分地翻了一遍。每个经历过微观管理的人都知道，这一点也不好受。

你永远也无法知道他们的感受。

如果你认真地生活过，你一定经历过一些痛苦。尽管我们有共同的经历，但每个人体验失去的方式都不一样。

仅仅是
对某人产生共情，
永远都不能代表你知道
他到底是什么感觉。

我们常用“我懂你的感觉”这句话来让对方好受一些。一般来讲，我们从小就被教导“你就应该这样回应”，并且相信真的就应该这样，这样回应是有帮助的。

然而，共情的关键并不是要回应给对方一模一样的体会。共情帮你了解真正的痛苦和恐惧是什么，了解那种感觉可能是什么样子的。但是，说“我知道你的感觉是什么”听起来又有点无视当事人的痛苦和独特体会。每个人的体验都不一样，刚刚拿到诊断书的体验和患病 10 年之久的体验显然非常不同。

离异对
一部分人来说，
是完完全全
的灾难。

对另一部分人
来说是解脱，
甚至值得
聚会庆祝。

在任何时刻，每个人针对一个事件都可以有一系列情绪，下面列出了一部分：

你关心的这个人实际上是什么感觉呢？就算你经历过类似的事，不问还是不会知道。我们知道开口问很难，下面有一些你可以尝试的方式。

试着问“你怎么样”

这听起来很平常，但事实上我们很多人都很难开口问别人怎么样。很多人不确定多亲近的关系才可以问对方过得怎么样。人是善变的，你不得不依赖你的直觉，如果你害怕类似的对话，直觉很可能会告诉你别打听。练得多了，对于能否开口的判断就会有改善，问这句话就会更自然、更频繁。记住：

没有人因为被问了一句“你怎么样”就会死掉。

问问题好像很吓人，但事实上，没有人被“你怎么样”这个问题严重地伤害到。绝大部分人，甚至不打算真心回答你的人，都会感激你问这个问题。“你怎么样”是最简单的搭话，因为：①它体现出你记得并且关心对方现在的经历；②如果对方不愿意深聊的话，也不会有很大压力。

一位女士讲述了她的同事如何回应她失去母亲的事：

> 当我回到工作岗位上时，没有人提这件事。跟我关系不紧密的人不提也没什么，但连我当作朋友的人都只字不提，尽管我理解提这件事可能会尴尬，但这还是让我感到伤心。

什么时候别问“你怎么样”

“你怎么样？”是开启交流的好方式，但有时候问对方怎么样会让对方抓狂，尤其是当这个人很明显精神不佳时，或是重要事件刚发生几天或者几周，或是他仍在危机当中的时候。这种时候问这个问题好像是在说一个人不该感觉这么糟，这会让身陷困境的人感觉更糟。

如果有个人的妻子刚刚过世，或者刚刚诊断出脑瘤，你问他："你怎么样？"他们可能会用各种方式说："你觉得我能怎么样？"

这种反应其实也能理解。

有人给凯尔西讲了自己小姨子的事，她的孩子在还是一个婴儿时就猝死了。在悲剧发生后的日子里，所有家人都在家陪她。她在门上贴了一个牌子，写着可以做什么和不要做什么。第一条就是："不要问我们现在怎么样。"有时，尤其是在重大创伤的头几天里，这个问题的答案很明显是非常痛苦的。

我要了解多深入？

当有人在痛苦中时，我们可以问自己，我准备多深入地了解真实的情况？好消息是，你不需要心理学学位才能让人敞开心扉。每个人都有自己应对创伤的方式，有的人就是不喜欢讲述他们的感觉。况且，谁知道还有没有什么其他事情。你的朋友可能已经厌烦回答问题了，或者就是感觉不好，筋疲力尽了。如果对方仅仅回了一句“还好”，很可能并不是针对你，所以不要太当真。

有一个人们不愿意敞开心扉的重要原因是：他们可能不相信你想听真实情况。一个流产的女士告诉凯尔西：“如果我不提，我的家人就不会提起。如果他们能多问问我，问我感觉如何，公开谈一谈会让我感觉好一些。”

如果你认同问“你怎么样”的意图是好的，你可以说下面一些话，表现出你真的希望了解一个人内心的想法（但并不是逼迫对方）：

1.“你觉得是什么情况？”或者“你觉得进展如何？”

“你觉得是什么情况？”或者“你觉得进展如何？”能很好地替代“你怎么样？”这句话，因为这两句话给人更多可以回应的空间，所以我们要经常练习。因为对方可能正一直想着医疗保险、律师费，或者想安静一会儿，而不是表达深层情感。

2.你今天怎么样？

脸书（Facebook）的首席运营官，《向前一步》的作者谢丽尔·桑德伯格（Sheryl Sandberg）在丈夫突然去世后，在脸书上分享了一个人与人联结的帖子。她写道："虽然一句简单的'你还好吗？'背后几乎永远都是好意，但是如果说'你今天还好吗？'总会更好一些，因为这个人知道现在我能做的就是撑过每一天。"

在问题里加上"今天"表示：

- 最起码你理解这个人的生活很艰难，你并没有期待听到"一切都很好"这样的答复。生活时好时坏（有几个小时还好，有几个小时就不好了）。
- "我被诊断出癌症，我未来的生活该如何过？"这样令人窒息的问题被转变为更容易回答的问题："我今天感觉如何？"

之后我该如何提起，又不显得奇怪？

如果事情过去几个月后再遇到当事人，替代"今天"的另一个问法是"你现在感觉怎么样？""现在"这种问法可以让当事人表达出和一开始经历丧失时非常不同的感觉或看法。

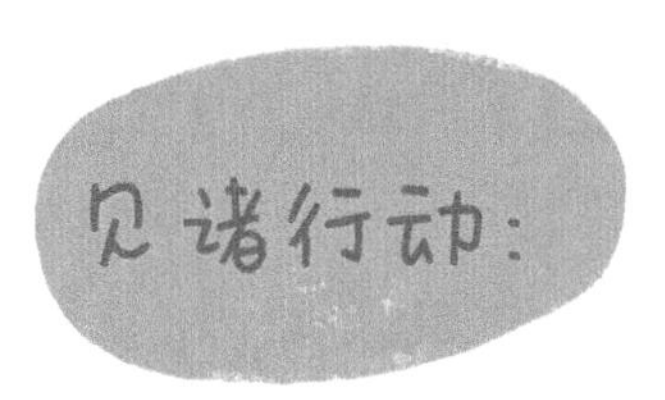

想象一下你在商场遇见了霍普，你已经两年没见过她了，你准备问候她：

你还好吗？

还好，谢谢。我不知道你有没有听说我去年已经做完乳腺癌的治疗了。

你有三种回应的方式：

1. “我感到很抱歉。”（让霍普感到不适，因为她已经不再困扰过去的事情了。）

2. 假装你好像没听到她说什么，“还有什么新近况吗？”

3. 问她：“这个疾病现在对你来说有什么影响吗？”

你可能觉得问其他人现状如何会聊一个小时，而你可能没有那么多时间。但是你会发现交谈很可能只会持续

15 ~ 20 秒。对于真诚交流，这个时间是值得的。如果对方先提这件事，他们不会介意你问起，甚至可能想聊一聊这件事。

无论中间经历了
什么样的转变，
放心去问
“你现在如何了？”

这是好奇心。

“你怎么样”不仅仅是四个字，更多的是表现出对另一个人的感觉和想法有质朴的关心。很多时候你需要的不是“你怎么样”这句话，而是能够让你走入另一个人（不是你自己的）所思所感的更具体的技巧。下面这些例子可以更好地解释：

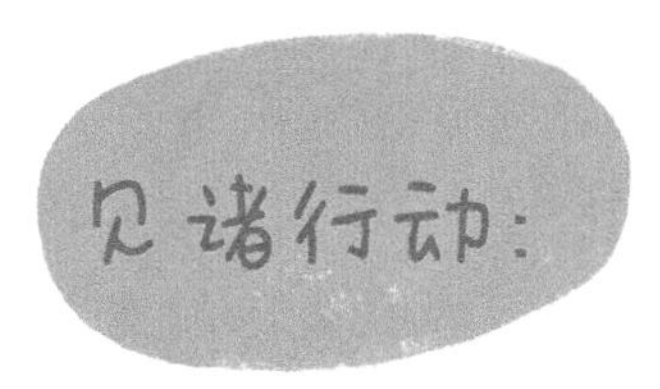

珍妮

我很难告诉约翰我想离婚。

莉萨

我知道你是什么感觉。当我跟我的前夫提离婚时，我很担心他会让我破产。

我们来详细解释一下：事实上珍妮难以告诉约翰是因为他已经抑郁好几年了，她担心离婚会把他逼到边缘。现在珍妮不知道该如何告诉莉萨这个背景，她在犹豫是不是要莉萨继续误解下去。

让我们再试试：

珍妮

我很难告诉约翰我想离婚。

纠结什么呢？[莉萨以为是经济导致的问题，但是她没有说明自己的假设，而是问珍妮在纠结什么。这是“你怎么样？”的一种具体形式，是根据已有信息问的问题。]

老实说，他情绪不好很久了，我担心这个消息会把他推向绝境。

这下莉萨可能会对珍妮的回答很惊讶，但是她听到并且了解了珍妮的真实想法。

练习从对方已经告诉你的感觉中倾听线索，接着问“[插入讲话人用过的词]怎么样？”

让对话更具有支持性的方式就说“我很抱歉。”

我们同情他人的难处，并且当事人在那个处境中感觉很糟似乎是非常可以理解的，提供支持性善意的重要开始就是说：我很抱歉。有时这就是我们需要做的全部。

如果你了解了某人的悲伤，就会相信“我很抱歉”这句话比你以为的更有力。仅仅四个字，你就可以表现出关心和同情。如果讲“抱歉”的时候带着怜悯而不是遗憾之情，就说明你看到了对方的痛。很多时候痛苦中的人所需要的全部就是痛苦被看到。

你可能没法相信只要简简单单说“我很抱歉”就够了。譬如死亡这么沉重的话题，怎么可以就回应四个字呢？

相信我们：可以的。就算你做的只是在卡片上写下“我很抱歉”或者在社交媒体上传达出“我很抱歉”的信息，而且没有后续的询问或评论，你也已经做得很好了。

有时，你不确定你们的关系有没有好到你可以说“我很抱歉”，事实上答案永远是肯定的。同事可以，邻居可以，甚至是飞机上坐在你旁边的人告诉你他要飞去参加葬礼时，也可以直接说“我很抱歉”，说出来就好。当你说出“我很抱歉”时，说明你看到了另一个人的痛苦。大胆去说吧，说“我很抱歉”的权利无须别人授予。

也有一些时候
不能说“我很抱歉。”
（抱歉。）

就好像“你怎么样”这句话一样，有时候这是最好的回应，但生活很多变，我们无从得知“我很抱歉”是否永远合适。如果表达了同情之后对方说“还好”，把我们的“怜悯”退了回来会很尴尬。发生这种事并不是天大的问题，但有一种处理办法是回到“你从来都不知道他们的感受”的前提下，只是问问经历对他们有什么影响。

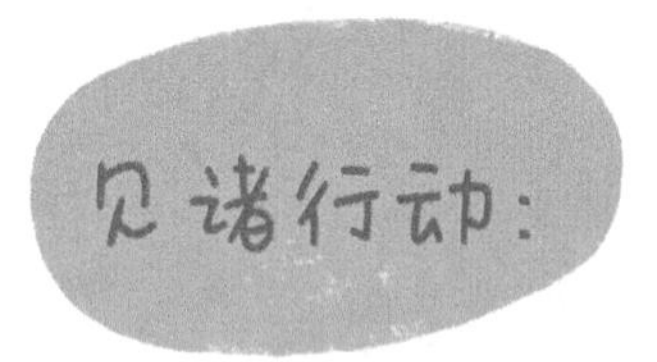

这件事发生在我和我的朋友及邻居屠户安吉拉身上。

嘿，安吉拉，你最近如何？

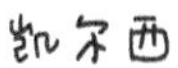

呃，约瑟芬和我要离婚了

啊，我很抱歉，一定很不容易吧。

安吉拉可能有以下几种反应：

说“还好。其实我挺高兴的。”（她现实中就是这样说的。）

（现实生活中我很尴尬地回应说：“很抱歉我说了抱歉。”）

或者安吉拉就说“谢谢”，但不提她真正的感受。

想引导安吉拉描述真实感受的话，我可以说：“那对你来说如何？”以此让我自己更开放地去倾听，而不是说“我很抱歉”。

自从进入了这个研究领域，我不再那么快地表达同情，而是更倾向于问别人自己是怎么看的。我对对方的回答通常感到很惊讶：朋友对癌症的诊断很“乐观”，对离婚充满了期待。以前我可能只会说“我很抱歉”，现在我会用各种形式问："你怎么看？""你是什么感觉？"如果我直觉认为对方不会感觉很好，我会说："可能很不容易吧。"让当事人描述是什么样子的，但不假设对他来说很不容易，因为他可能会不同意。你需要刻意练习几次，一旦你发现这非常简单，而且还能很好地让你去倾听另一个人，你就会发现这件事比你以为的更有意思，你就能毫不费力地做到了。

嘿，听好：

有时对方听到我们的同情会说"谢谢你，但是我很好"或是"为什么，又不是你造成的"，这可能会让我们觉得的共情是失策的，也可能让我们以后对表达同情避之不及。如果有人回应说他们还好，不代表他们不感激你的同情之心，而是你给了他们一个表达自己真实感觉的机会。就算他们说还好，他们可能也非常感激。如果有人对你的示好真的充满敌意，那也是他们对所在处境的情感反应，很可能并不是针对你。

允许有一些不理智

当你朋友的人生被颠覆时，他们行为有些诡异也并不奇怪。但如果有人完全抓狂了呢？如果你有朋友真的要对自己或者他人做很危险（甚至灾难性）的事情，那么你一定要从其他人那里寻求一些建议，比如专业人士。

了解真正毁灭性的行为和人之常情的不理智做法之间的区别很重要。后者是人经历痛苦的正常过程。

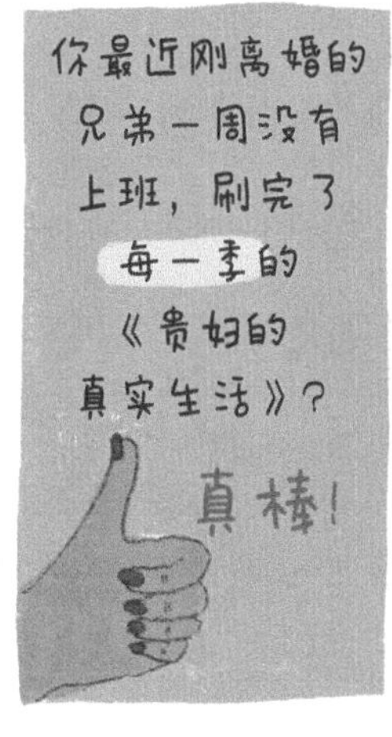

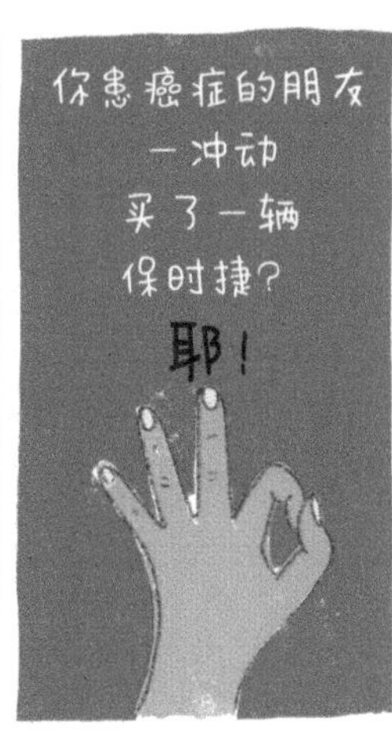

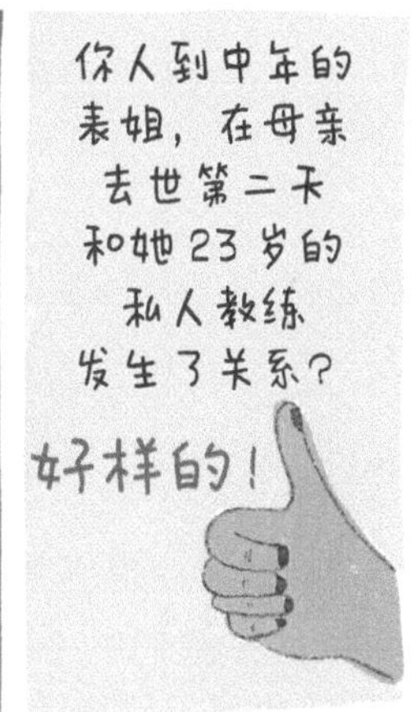

* The Real Housewives

当你的朋友做出看起来不理智的行为后，如果你回复说“你值得拥有这些”或是“我担心的时候会告诉你”，能让你的朋友觉得在自己需要自我安慰的时候是可以这么奢侈地照顾一下自己的。

如果对方“正常的”不理智行为处在令人担心的边缘，你最好偶尔问候或者了解一下对方的近况。如果你非常担心，可以问问其他了解情况的人有什么建议。记住，你是一个好心关心的朋友，不是一个专业人员（除非你真的是）。

“我也经历过”。

低谷让我们感到孤单甚至羞愧。得知我们欣赏的人也经历过类似的处境会让自己感觉不那么孤单，会让我们感觉那些低谷不再是只有自己经历过的个人失败，我们甚至会希望像那个人一样，也能渡过难关。

就像本章前面部分写的：就算你经历过一样的事也不代表你知道他们的感受。人们不需要你能精准地感受到他们的感觉，他们只想知道你也经历过相似的事情，他们并不孤单。

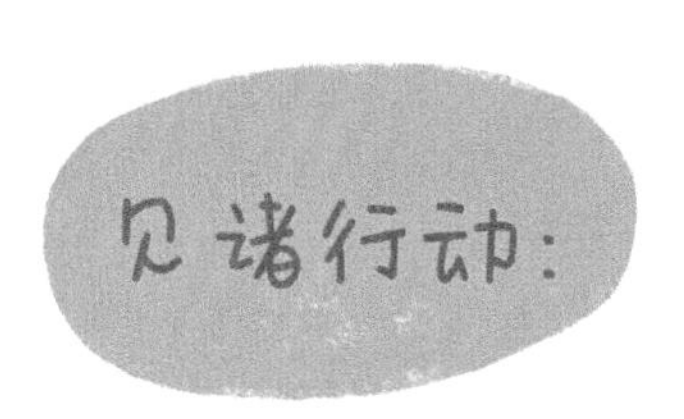

约翰的父亲自杀了，桑迪也经历过这样的事。

听到你父亲过世了真难过。我母亲5年前自杀了……

桑迪有以下几种方式完成接下来的对话：

1. 给约翰讲更多自己的经历。
2. 问约翰他的感受。
3. 说“我很抱歉。如果你需要聊聊的话可以找我。”

可能知道桑迪有过相似经历对约翰来说有一些安慰，但桑迪应该这样做：

- 只在当事人不在危机状态时讲自己的故事。
- 让危机中的当事人能够讲自己的故事。
- 她只讲10%的话，就把话题转给约翰。这样的话，如果对方没有问，她就不会过多地讲自己的经历。

（就算被问到，也尽可能简短、暖心地表达，然后再把话题转给约翰。）

“我对你有信心。”

没有什么比在人生最关键的时候出现的陡峭的学习曲线更让人畏惧的了。无论是丧失、疾病、不育，还是离婚，都伴随着一堆医疗、经济和法律相关的决定，这让我们深深地感觉到自己的不足和无能。同样，没有什么比因离婚、工作变动、丧失，或孩子有特殊健康需要而被迫走上不同的人生道路更令人没有安全感了，所有这些因素都会让我们害怕失去社交圈、身份认同、经济保障，甚至应对问题的一般能力。这就是为什么我们要对处在这个阶段的人表达出你相信她有能力掌控局面的原因。

就算你感觉到了或者理解了他的担忧，如果你认为这个人大体是有能力的，判断力良好，这时你就应该让他知道你的看法。一位考虑离婚的女性说，给过她最大帮助的话是："我朋友说她相信我知道怎么做最好。"

埃米莉说：

我的公公最近因为肺癌在家中过世，距离他拿到诊断刚刚过了几个月。因为想要与他告别，我搬了过去，帮助我的婆婆做一些日常琐事和整理工作。然而在我过去之后，他的情况每况愈下，我和婆婆进入了全天候照顾他的状态，这也是他人生的最后两周。我从没有过处在这个角色的经历，我完全不知道自己在做什么。

在他过世前几天，他的某个我从未谋面的家人来看望他。临走前，她笑着对我说："你可能是我见过的最有能力的人。"（内心大笑。）在那一刻我真的觉得"有能力"与我无关，但她对我能应对处境的信心对当时很缺乏信心的我是无价的鼓励。

见诸行动：

玛丽亚是一个在政府部门安稳地工作了10年的律师，刚刚辞掉工作，正在和姐姐米歇尔聊天。

我简直不敢相信我辞职了，如果我找不到其他工作怎么办？

你为什么辞掉工作呢？现在工作很难找。

我不知道。我太蠢了！

玛丽亚不是一个总换工作的人，米歇尔也一直很崇拜她的坚韧和成熟。但是这没有阻止米歇尔质疑玛丽亚的决定。玛丽亚想到要应对艰难的求职市场，感到非常不安。米歇尔的担忧可能是理智的，但关键是这没有帮助，只让玛丽亚更不自信。

让我们再试一次：

我能想象这有点吓人[米歇尔肯定了玛丽亚的害怕]，但我相信你的判断，我相信你能找到一个更合适的新工作。[基于对玛丽亚的了解为玛丽亚鼓气。]有什么我能帮忙的吗？比如帮你看简历或者推荐给什么人？[她在提供具体、实际的帮助。]

关注他的感觉，而不只是事实

朋友刚刚遇到了前任，你自然想问她："他在和什么人约会吗？"但是还未了解她的感觉就挖掘情况会把注意力从情感部分转移开（这是事实型倾听的好例子），所以你可以问"你感觉怎么样"或者"过了这么久再见到他是什么感觉"。一个不育的女人说："所有人都一直问我治疗过程是什么样的，好像没人关心我内心的伤痛。"

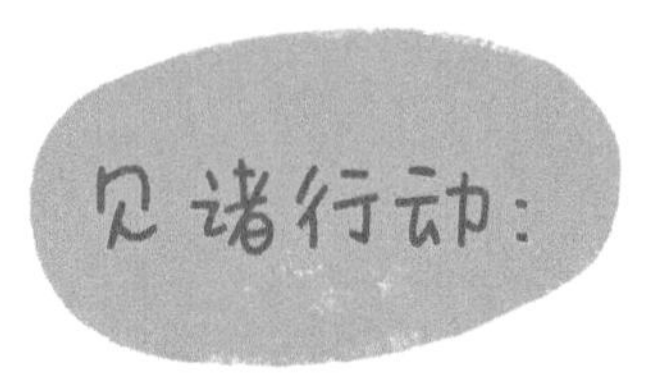

米莉森特刚刚见了医生，了解了自己一直没有怀孕的原因。她跟她的姐姐迪尔德丽说起这件事。

米莉森特

我刚见了医生，发现了一些问题。

迪尔德丽

什么问题?

米莉森特

他们说我是更年期提前。

迪尔德丽

是什么意思?

米莉森特

[解释细节]

迪尔德丽

哇，怎么会这样？

米莉森特

[试着用有限的知识解释]

迪尔德丽

你有没有想过其他可能？

具体来看： 迪尔德丽了解到一些事实，但是她不知道米莉森特感觉如何，而这才是提供支持最核心的部分。迪尔德丽可以找机会练习共情式倾听，与对方建立一些情感共鸣，了解米莉森特是怎么看的，才能提供更多支持。

迪尔德丽

所以那跟怀孕有什么关系？

米莉森特

[解释]

迪尔德丽

哦，那你感觉怎么样？［迪尔德丽让米莉森特反思这个结果的真正影响，因为米莉森特希望要一个孩子。这让米莉森特能表达感受并且得到支持。］

米莉森特

我不知道，我觉得有点懵，无望，非常无望。［米莉森特开始分享更多。］

充满希望的故事：大部分时候都有帮助

很明显，困境中的人最大的恐惧是未知。比如有人生病了，没人知道接下来会发生什么。这种情况已经超出了我们的掌控，这对任何人来说都很难。我们很自然地想让朋友感到有希望。当对方的担忧和愤怒明显情有可原时，还用“你会没事的”这种话搪塞，与让对方不那么沮丧之间是有区别的。

凯尔西生性悲观，乐观的故事会让她良心不安。但当她患了乳腺癌时，她发现自己其实很喜欢听和她情况相似的充满希望的故事。埃米莉也是如此。听到有相同诊断的人好好活下来的真实故事会让她放心一些。

但其实这并不简单。

有希望的故事一定要是真实的，并且是你认识的人经历的，在网上读到的没有价值。好故事会非常有帮助。如果你有你自己的，或者是其他人渡过难关的好故事（并且真的相关），无论如何也要分享给对方。下面是一些例子：

不要这样说	这样说
“你会怀上孩子的！”	“我的朋友第 3 次尝试试管婴儿时怀上了孩子。”
“天涯何处无芳草，何必单恋一枝花！”	“你人这么好，又这么美，应该找一个和你一样棒的人。”
“《欲望都市》里的萨曼莎在化疗期间跑完了第一个马拉松！”	“每个人的情况都不一样。我的姐姐当时一直坚持工作，我觉得你也做得到。”
“离婚没有什么大不了的，现在恨不得每个人都离过婚，别太担心了。”	“仅供你参考，其实我特别吃惊我的父母能那么理解我。虽然每个人的情况会不一样。”
“如果你吃一些天然的食物，充分休息，你的身体会好的。”	“我的朋友流产了 3 次，但她的第 4 胎现在都已经会走路了。”

“我在乎，我爱你”

还记得在困境中的人会觉得自己是一个有多不值得被爱的负担吗？在这么糟糕的时候，没有什么比听到其他人说他们爱自己更好的了。当面说，通过短信或邮件说，写在蛋糕上，或者其他任何方式，无论你能说多少遍，只要表达出我爱你，我欣赏你，我尊重你，或任何对这个人的喜爱，就都不会有错。对方亟须这样的表达，并且会铭记在心。

随时可以说的话

把这些话放在口袋里
随时拿出来用

- 你想聊聊吗？
- 并不无聊，我愿意听。
- 你觉得怎么样？
- 你现在怎么样？
- 这一定很不容易，但你已经做得很好了。
- 我相信你会做出正确的选择。
- 过去我见过你经历挫折，就像现在一样难，我知道你可以战胜它。
- 了解这些确实改变了我对你的感觉，我觉得你更美更有勇气了。
- 我尊重你。
- 我爱你。

嘿，听好：

研究发现，和朋友谈感受往往比和家人谈容易一些。所以如果你觉得兄弟姐妹或父母无法倾听或者和你聊你的感觉，并不是只有你自己为此感到沮丧。家人之间做不到谈论感受是完全正常的现象。确实，家人在具体、实际一点的方面会更有帮助，比如打扫卫生，或是经济支持。所以如果你觉得你们的关系可以的话（在有的关系中并不如此），可以让家人卷起袖子帮助你，然后让朋友来处理你内心深处的感受。

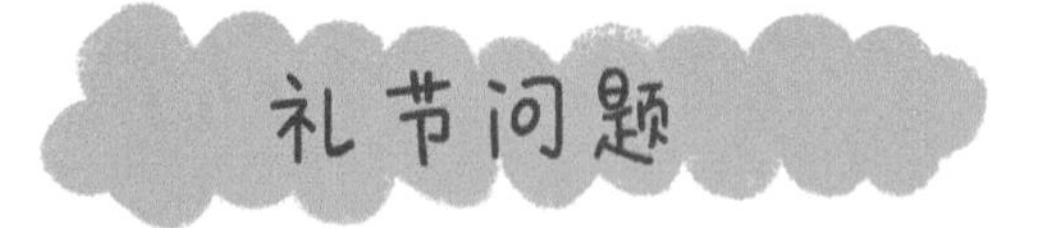

这是聊一聊的好时机吗？

谈话讲究地点和时间。如果你记得的话，等你准备好听真切感受的时候再问别人现在过得怎么样。比如：不要在你准备出电梯，而对方不出的时候问这个问题。另一个不合适的时候是：在有其他不相干的人能听到交谈内容的时候问问题。一个刚刚离婚的女人说："首先，不要在一群人面前提起。如果你真的很关心，就考虑周全一点。"

如果你想要接触或想找个合适的时间，你可以问："什么时候我们可以聊一聊？"或者邀请对方吃午饭，喝咖啡。发一封邮件，写一张纸条或者卡片。你不必觉得自己要在对方情绪一触即发的时候随叫随到。除非对方是处在创伤或震惊中，否则你可能会因为考虑周全而加分。

我准备好听真相了吗？

每个人倾听的能力都不同，我们都非常忙。除非你想，否则你不必成为邻居的咨询师。如果你真的有时间并且很认真地想要了解，就问一句"你怎么样了？"如果你没有时间或意愿也没关系。没有人想随随便便就跟每个人分享自己的脆弱，如果你并不是那么感兴趣，或者你跟对方不太熟，就说"我很抱歉。"这仍然表现出你很真诚，也不必表现出更多的担心。

帮忙有过期时限吗？

我们很容易以为自己错过了伸出援助之手或是理解对方的时机。其实就算事情过去了几周、几个月，甚至几年都没有关系。如果真的是很糟糕的事情，一个人的人生永远都被改变了，他不会因为事情过去了，就不再想曾经哀悼的对象、患过的疾病或是前任……而随着时间流逝，他的朋友们都不会再去想这些。人在经历某些事之后经常会久久感觉到孤单。做那个在几个月，甚至在几年后仍然记得这件事的人并不一定是件坏事。

丧失没有过期时限。

一个人告诉我："一个月后，没人再以任何形式提起我的母亲，就好像她完全消失了，不只是过世了，而是被抹除了。"

所以无论什么时候，当你发现你认识的人正在遭遇不幸，请毫不犹豫地写出来，说出来，或者做点什么来表达你的关心，来当作意外的礼物。如果曾经已经表达过一次了，你很关心想要再表达一次，那也很好，永远也不会过时。

如果你不知道事隔这么久，对方自己感觉怎样，你只要问："我听说了，我感到很抱歉，不知道你现在感觉怎么样了？"

共情建议： “我多希望我能早点来帮你”这句话很空，只会让对方想各种你没有早点出现的原因或借口。不是说这样的理由不正当，只是这不太重要。这只会让你自己，而不是你主动表示的本来意图突显出来。

我在白费口舌吗？

我们可能觉得问对方一次就已经差不多够了，但如果你们的关系足够好，你可以再问问。几乎所有人都会感激我们在事情过去几周或者几个月后追问对方怎么样了。你甚至可以说“你现在［处境］怎么样了？”

我从未想过流产会让我那么难过，并且会持续那么久。流产发生 4 个月过后，我时常见面的好朋友艾米突然问我怎么样了。其实当时我还在痛苦中，在她问我之前，我对自己这么久还没走出来感到很羞愧。她的问题让我感觉这 4 个月的哀伤是正常的，也是很重要的。我们聊了不超过 15 秒，但是她恰如其分的好意至今对我还有影响。

家有3岁的孩子被诊断出癌症，家长说：

既然我们已经“做完治疗”了，似乎应该感觉这都过去了。但其实我们每天都不得不担心复发，还有大剂量化疗带来的伴随终生的副作用。我觉得我的儿子已经错过了一半的童年。我想要说一说我们所经历的这些痛苦，但在事后没有人会问起。

对其他人的处境问候不止一次也没有关系。保持跟进。

共情建议： 最好通过解读对方的线索决定多频繁地提起困境或者说到什么程度。如果一次聊天中你问了两次都没有用，那信号就是：在那个时候就别再问了。（如果当事人自己打开了这个话题，当然可以追问一两个问题。）如果你们彼此不太熟，就没必要再多问。

如果对方的困境成了你们之间永远的话题，很多人都会觉得很难为情。如果你经常见到对方，比如每天在办公室，或者是每隔几天的练习小组，或者是每周的安息日活动，可能最好不要每次见到他们都问起。

发邮件太敷衍了？

不会！邮件让表达爱更简单了，当事情简化了就更容易发生。尽管当对方处于最低谷的时候用最简易的方式表达会有些尴尬，但是好过什么也不做。因此邮件也是很好的选择。

共情建议： 一位女士在父亲去世后收到邮件，她写道：

> 当我给我的朋友、家人和同事发了大量的邮件，宣告我父亲过世的消息时，我收到了非常多的回复。一部分来自关心我、但是通常不会花时间送卡片的人。有些人可能觉得通过邮件表达同情不太好，但我真的很感激大家的回应，无论是以什么方式。

短信和社交媒体也算数。

谁会知道发短信能对帮助人感觉好点起那么大的作用?(这里，我们要对无数家有青少年的父母表示歉意。)发短信不仅仅能让你的朋友知道你（又）要迟到了，或是能最简略地告知他人你分手了。研究发现，发短信是心理学家有效帮助抑郁症患者的一种方式。你可能觉得在社交媒体或者短信上写不过 15 个字，发一个红酒的表情，不是一种在对方痛苦时建立联结的好方式。但是你要记得，关键并不是找到“合适的话”，而是建立联结就好。我们有时只需要知道有人在惦记着我们，不需要总是说出内心的感觉。所以如果你拿着电脑或者手机纠结，不知道是要发封邮件还是发个朋友圈表示哀思，还是说一句“你好”“爱你”，或者其他什么，答案都是:发吧！如果你是对方密友，打个电话会更好。虚拟世界的安慰方式真的有用。

打电话还合适吗?

人们有了许多动动手指就可以沟通的方式，很少再打电话了。当电话响起的时候，尤其还是不认识的号码，会让人感觉被冒犯。所以当对方在危机当中时，要不要打电话呢？如果你们还不是很亲密的朋友，我建议你别打；如果你们关系不近，在事情发生几天之内绝对不要打电话。用卡片或者邮件的方式更合适。

但如果你们是好朋友或者是很亲近的家人，一定要打电话！对方可以选择不接。凯尔西做调查时遇到的一位女士说：

> 当我丈夫过世的时候，我希望我的好朋友们能多给我打几个电话。我并不期待他们知道该说什么或是真的能够帮助我什么，我只想要他们简单地问候我，打个电话，发个短信，让我知道他们在惦记我。这会给我很大的支持和帮助。

共情建议： 不要用“我给你留了几条信息”这样的表达。这时候我们最不希望让对方感觉到的就是回电话的压力。最好简单地说“不需要回电”，然后就这样。

还有：送张卡片吧！

因为我们现代的沟通主要依赖于电子设备，所以送一张实际的纸质卡片，外面有信封的那种，会让对方感觉你特别用心。不同于短信或是推特，一张卡片会让对方感受到有人在想着自己。我们很多人都会把卡片留很多年，甚至一辈子，每次收拾东西的时候都会读一读。如果你不知道说些什么，卡片还能帮你更好地找到合适的话。

如果你能选对时机送卡片，那就送吧。直面买邮票（还记得这种东西吗？），找地址的挑战！有志者事竟成。

共情建议： 理想情况下，你不会问还处在丧期的人住在哪里。如果必须的话你可以问，这没什么大不了的，但先试试其他方式能不能找到。

有时人们需要一些空间。

我们写了好多关于伸出援助之手的内容，但有时这和直觉以为的不同。有时人们只想要忘记自己的处境，感受回到正常生活的感觉。这时候，如果觉得他们不是很危险，你可以尊重对方独处的愿望，或者可以请对方去看电影，或是以其他形式外出。如果对方太累了，不想玩也不想聊天，那么你陪着就很好。一位卧病的女士说："我不想说话，太累了。我的朋友来我家，躺在沙发上看看书，而我躺在床上，这让我感觉没那么孤单。"

好吧，给你讲讲我无聊的人生。

你在抱怨自己老板的同时，看到你的邻居还在丧期，或是朋友因为化疗而脱发，你可能会感到无比羞愧。有时候确实应该把自己的烦恼屏蔽掉，专注在你的朋友身上。但困境中的人通常很害怕他们的经历会把他们隔离在其他人的生活之外。找不到合适尺码的牛仔裤“好苦恼”，可能只是今天的苦恼。如果你的朋友、邻居、同事不是处在危机情况，也没有情绪极度凌乱，那么你可以就做自己，聊聊你自己。因为在哀伤中的人希望你看到他们还是一个完整的人，不只是一个哀悼者，或是一个病人。

一个叫凯文的年轻人在空难中失去了双亲：

> 我觉得当其他人知道我失去了父母之后还能不特别对待我，让我感觉最好。在父母家待了一个月之后，我回到家，一些朋友在我回来后为我准备了一个低调的聚会。这帮我简单地过渡到一个我知道永远都不会一样了的生活状态中。

小结：

知道什么时候倾听
并且说什么，
从下面开始

- 说“我很抱歉”。
- 问“你今天怎么样”。（记得听回答。）
- 注意当事人现在的感觉并且肯定感觉，而不是事实。
- 注意线索：现在合适吗？
  还是对方需要一点空间？
  （如果现在不合适，别怕，之后再问。）
- 让对方知道他并不是孤单一人。
- 表达相信当事人（可能有些慌乱的）决定。
- 分享爱。
- 擅于使用科技。
- 如果需要空间就给他空间。
- 做一个有平凡烦恼的自己。

第 5 章

小举动 大影响

> 我喜欢她给我发短信。只要知道她关注了，她在乎，对我来说就够了，并不是说她要有一个魔法棒，能把房间里的所有气球都放出去，让我的病消失。
>
> ——肯，被诊断出多发性硬化症

有一天鲍里斯在熟食店看到了昇（他至少比较肯定对方的名字是昇）。他们以前曾经是同一个自行车队的，鲍里斯一直都很喜欢他。他刚想要打招呼，突然想起来他听说昇的父亲最近去世了。

他充满了困惑。仅仅是在商店里远远地看，就能看出昇精神不太好，但是鲍里斯也不知道该做点什么。因为尴尬到不知说什么好，鲍里斯用现金付了钱赶紧离开，这样就不会撞见他了。

但鲍里斯不是就这样解脱了。剩下一整天，他都无法不去想昇的面孔，所以当晚，他找到昇的邮箱地址，给他写了一封邮件：

> 我今天在商店看见你了，但是不敢和你说话。听说你失去了父亲，我真的非常难过。我简直无法想象那会是什么样子。我真的非常抱歉。

鲍里斯在打退堂鼓之前点击了发送。

第二天早上，没有收到昇的回复，鲍里斯还在担心自己的邮件是否有何不妥。但在下午昇回复了：

> 嘿，那确实特别难熬，比你能想象的都难熬。但是你的邮件真的帮到我了，真的。谢谢。

鲍里斯不会为逃离熟食店而骄傲，但是他很庆幸自己发了那封邮件。事实上，这比他想象的容易。

有时候妨碍我们提供安慰的并不是我们不够在乎，而是认为自己没有足够的时间或者精力来起任何作用。我们可能觉得经历困境的人需要我们一直有时间保持随叫随到。我们也有理由认为，对失去所爱之人的人仅说一句“我很抱歉”实在是不够，或是觉得一旦我们开口问“你怎么样了”，或是真心想要了解情况，就意味着我们要对对方负责到底。

好消息是，这些害怕是正常的。

更好的消息是，这些害怕并不理性。

我们会详细解释

提供支持的第三个真相：

小举动

大影响

小石子
激起大水波。

在凯尔西的共情训练营，学员们一起画了一面写满善举的墙，强有力地证明了小小的举动可以带来多么强大的抚慰力量。在画这面墙的过程中，每个人都在纸条上写下一件小事，这些小事是在他们困难时期，邻居、朋友、同事，甚至是几乎不认识的人为他们做的一个小举动。这个小举动给他们的生活带来了很大的不同。然后大家把这些纸条都贴在墙上，让整个工作坊的学员都可以看到。大家得到的信息都是：这些举动本身都非常小，几乎不费任何力气，却给收获的人带来很重要的影响，这种影响甚至几年之后仍然存在。

这个练习很宝贵的一点是，它显露出我们生活中各种各样重要的人，包括邻居、同事、好朋友、陌生人和家人。对于看到这面墙的人来说，最大的启示是：绝大部分情况，安慰别人并不是一件艰巨的任务，因为提供支持并不是任何某一个人的责任。这是因为：

关爱需要齐心协力。

你不是灵魂医师。他人身处困境时，并没有要你承诺接下来的 20 年都由你来帮他们解决每个问题。能够抛下一切来照顾我们的人是天赐的礼物，但是那个人无须是你。如果你已经被生活压得喘不过气，时间和情感都已经撑到极限，但你同时也在乎对方，请你用心记住：提供安慰并不是要从此引领对方的人生，也没有要求你之后再付出更多。这种付出可以是一次性的，你可以决定你要付出多少。

如果你所能给予的很简单，或者看起来非常少，也完全没有问题。

共情热身：

画一面“举手之劳”墙

可能你很难相信其他人认为你的小礼物特别有价值，下面这个练习可以帮助你意识到这一点。你自己回答一下下面这些问题，然后可以再问问两个朋友（你们甚至可以做一个迷你版的共情训练营练习，每个人都在便利贴上写下你们的答案，写完以后都贴在墙上看看答案有多丰富）：

1. 在我很艰难的时候，我的同事做过什么对我影响很大的事?

2. 只是泛泛之交的人，做过什么让我很欣慰或者帮到我的事?

3. 多年甚至一直都没有见面的老朋友为我做过什么?

4. 我的好朋友或者家人做了哪些支持我的事情?

5. 在我困难的时候都收到过什么特别棒的礼物?

看完你自己的（还有你那些朋友的）回答有多丰富之后，再看看从凯尔西共情训练营中收集来的例子。如果你正在想要为别人做点什么，有一些点子可能会帮到你。

在你看这些从共情训练营中收集来的例子时，想一想你自己哀伤、惊慌失措的状态是什么样子的。想想这些小小的、积少成多的举动是如何有助于改善孤独感、羞耻感、恐惧、被压倒的感觉、不确定感以及不稳定的经济状况的。

来自同事的

我的学生们送了我
一大篮子
有机健康水果。

当我要不行了
的时候让我
带薪休假。

我的老板允许
我在家工作。

路过我办公桌的时候
跟我打招呼。

办公室同事
送我花。

手术结束之后醒过来
的时候我发现，
我的同事在病房里的
墙上装饰了各种
治愈的话，
让我非常感动。

在办公室做了一个
巨大的卡片，每个人
都可以在上面写留言。

一个只是工作中认识的人在我康复期间
送了我一张150块钱的购物卡，
让我多多补身体。

来自邻居/一般关系的人的

我们从医院回来后看到他们留在门口的花和食物。

听到有人也因自杀失去了亲友对我来说意义重大。

不知哪位邻居在我家台阶上放了一盒纸尿布，还留了一张纸条说："我知道你需要它！"

在孩子出生之后，邻居帮我们做饭。

发信息或打电话问候我。

在丈夫康复期间，房东送了我们一箱零食和饮料。

手术后，我的邻居帮我处理了门口街上停车规定调整的问题。

来自朋友的

我的朋友搜索到成人癌症康复者的基金会，帮我填完了申请。

教会的朋友会来看望昏迷的儿子，所以我们可以放松一下。

在我生病期间问候、照顾我的另一半。当我做不到的时候，知道有人能够支持她、关心她、爱她，让我特别欣慰。

我的朋友发给我一个超级搞笑的YouTube视频链接，之后每当我需要振作精神的时候都会看一看这个视频。

每两周就给我寄一张卡片，贴着很逗的贴画、体贴的句子，还有让人暖心的话："嗨，我在想你。"

经历了一场很糟糕的分手后，我的朋友帮我做针灸。

离婚后我的情感一直都处于被压垮的状态。我的朋友开始习惯性地在我讲自己的烦心事时打扫厨房案台。我觉得这种体贴方式温和又自然。

来自家人的

我姐姐来家里帮我们打扫房子。她不是一个爱表露情感的人，这是她帮助我们的方式。我非常感激她的付出。

表姨为了能让我离开家一会儿，每周二都带我去喝咖啡。

我哥哥把我们的车擦了，还加满了油。

我姐姐在我妻子做化疗期间发挥她的整理能力，把我家的橱柜整理得非常好。

帮我洗衣服。

我的表姐自愿做我的“家庭沟通员”，每周给我的家人发一封邮件，向他们更新我的情况。

来自陌生人的

一个陌生人走过来问我：“你还好吗？”

我坐在地上，背靠着航站楼的玻璃窗，哭得一塌糊涂。一个陌生人过来问我还好吗，我说我没事。尽管事实并非如此，我并不想跟她讲。但她的询问让我非常感动，她让我觉得好一些。

想想这些
粉碎恐惧的问题：

1. 你刚刚读到的这些举动，有多少是需要花很多时间、精力或者金钱的？

2. 有多少需要对人类心理学很深入的了解？

3. 有哪一个“治愈”了另一个人的痛苦？

4. 这些熟人、同事或者朋友的举动，有让人很反感的吗？

5. 助人者要想提供帮助，需要知道情境的具体细节吗？

共情建议： 鲜花很棒，它们确实能够点亮一个人的一天。但是你的举动或者礼物在如工作地点之类的公共场所，会引来同事的询问，不可避免地会让更多人知道，这可能非当事人所愿。这种情况下，花点心思送一些别的（甜甜圈、巧克力、网络电视的会员卡）。

你的共情着力点

一旦我们决定了要照顾什么人，我们通常先很自然地想到“那他们需要什么?”如果你是在修理水龙头或者修车的话(有时候埃米莉希望自己能至少会做一项)，这个问题完全符合逻辑。但有悖直觉的是，琢磨困境中的人需要什么可能并不是一个很有用的策略。你可以做的是缩小关照的范围，包括你能掌控的，甚至你觉得做起来好玩的事，问问自己：我能给予什么?

真挚的礼物
始于
你能给予什么，
而不是对方需要什么。

如果你在乎，做一些重要的事。但要做一些你喜欢做的，而不是你通常很抵触的，这就很难得了。

因为做一些我们本来就喜欢做的事，意味着之后我们更可能愿意继续做。

没有人不会共情。就像笑一样，表达关爱是我们与生俱来的能力。你只是在明晰自己擅长什么上需要一点帮助。你不一定擅长所有的事，但你一定擅长某些事，你可以用那一点来提供支持。你会找到你喜欢付出的那一点，知道你能做得很好，然后把这一点给予他人。

看一看受凯尔西的朋友梅甘启发而来的共情菜单，它可以帮你具体理解我们讲的是什么意思。梅甘是一位年轻的癌症康复者，她撰文描述了在做化疗期间她生活中的人所扮演的角色，并且称他们为“免疫系统的拓展包”。在你看菜单之前，记住，不是每次遇到困难都要有清单上的每一项，也没有人擅长清单上的所有项目。（如果你都擅长的话，我们想要认识你，跟你做朋友，万一未来可能需要你的支持呢。）

共情菜单

倾听者

擅长问问题，很留意回应，如果觉得难以开口交谈，会给对方空间，与对方静静地在一起待着。

动动手指的人

发一些说“嗨”“我在想你”的短信。

有灵性的人

祷告，发一些积极治愈的句子。

诗人

送卡片，写一些“你好”“我在想你”“我很抱歉”“我为你骄傲”“你很棒”之类的文字，或是其他更有诗意的文字。

送实在礼物的人

送一些清洁服务、食物或者按摩的代金券。

厨师

送一些新鲜的或者速冻的食物。

送搞怪/有趣礼物的人

送一些像搞怪娃娃，或者亮粉色假发这样的礼物，或者带对方去看脱口秀。

耐心的人

原谅对方爽约，并且继续改约。（这其实是每个人在助人的时候都应该尽力而为的事情。）

私人司机 在重要的日子都能够开车接送并且陪伴对方。

手工艺者 做一些独特、有意义的东西，比如一条毯子、一首歌，或者很棒的歌单。

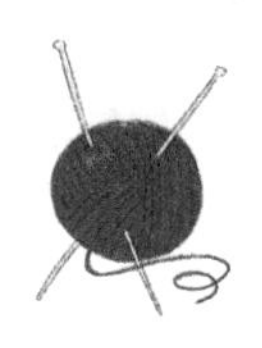

搭建人脉的人 能够找到合适的提供帮助的人并且引荐，可能是医生、辅助医生、律师、治疗师，或是其他有相似处境的人。

爱娱乐的人 请对方出去看电影，喝东西，陪他们一起看完超级长又非常蠢的真人秀节目。

信息收集者 钻进最新的研究进展之中（可能帮助病人免于因浏览互联网上的医学信息而承受的巨大痛苦和恐惧）。

园艺家 打理院子，带来一些植物。

做简单工作的人 跑跑腿，买吃的，取干洗的衣服，或者做家务。

善于整理的人 给重要的财产、健康或是法律信息贴标签。

带孩子的人/长期照顾者 和孩子或者生活中需要照顾的人相处。

项目管理者 协调其他人的帮助。(没有人想一天收到8项工作。)

经济资助者 帮助分担小孩、医疗或者法律的费用等，并且不需要还钱。

公关大师 与朋友分享近况。

房东 请对方在自己家待着，或者请对方在家里吃饭。

如果你宁可去舔一根带电的电线也不愿意聊一些情感很复杂沉重的事，但你又真的很在乎这件事的话，共情菜单能够在很大程度上给你带来解脱。如果你知道，只要在门口留下花然后跑开就可以，或者写一张哀悼卡片就好，或者直接把丧偶的邻居家院子打扫干净而不必跟他谈他妻子过世的事，也免去了尴尬，你会感觉好很多。通过这些很小的方式去帮助支持别人，已经表明你看到了他们正在经历的事情，这也真的会给他们的生活带来不同。如果你觉得这就是你能做的一切，挺好的。对做你能做的事感觉越好，你就越可能付出；付出越多，在有时间和精力的时候你可能付出的就更多。但重点是，给你能给的，并且因此而感觉不错。

如果你讨厌交流情感，但是非常喜欢园艺，那就把这个技能送给需要它的人。如果你觉得这样更舒服的话，甚至可以在他们不在家的时候做这件事。另一方面，如果你都无法完成自己的家务，更无法给任何其他人做家务，但你是很好的倾听者，那就在你真的有兴趣和时间去了解的时候，放心大胆地去问对方过得如何，这也非常珍贵。

共情练习：你的共情超能力是什么？

选择两件你擅长的事情，两件你可以一想到就知道你能做到的事情。比如：

凯尔西说：

我爱买花，我还喜欢用很长时间招待别人，很多人都不愿意做这件事，所以我提供这样的帮助比较多。但是打扫和做饭不是我的强项。我曾经觉得我有义务给别人做饭，好像那就该是我做的。但是压力让我很难带着爱心去做好这些事，而且会让我变得有一点像烦恼者。

埃米莉说：

我真的很喜欢做手工，如果不限时间，我爱绣枕头或者做其他手艺活。但老实说，我现在的生活状态，送一些按摩及送餐服务代金券，或者卡片更合适。

只想让你知道，
我完全可以
开车带你去看病，
帮你打扫卫生，
帮你选奇特的头套，
一起想很棒的
视觉练习，如果你非逼着我的话，
我觉得让我
躺在沙发上和你一起
看垃圾电视节目也是可以的。

我知道这都是我乐意为你做的。

♥♥♥♥♥ 爱你。 ♥♥♥♥♥

如果我们能意识到自己独特的天分在安慰人方面是有价值的，甚至还能意识到，我们需要接纳自己所能做的事是有限的，我们就越有可能去提供我们仅有的、少而珍贵的礼物。这比让处在危机中的人指出我们能做什么更好。我们用一个对话场景解释一下这是什么意思。

见诸行动：

我现在是一团糟，我都没办法起床。

陈，我很抱歉。有什么我能做的就告诉我。

额……谢谢。没事，我挺好的。

梅甘关心陈并且想要提供帮助。但是陈并不真的知道她能从何帮起，所以说他没事。但他并不是真的没事。正因为他感觉不好，所以就算他知道该从何开始，也不能自在地告诉梅甘需要什么。

让我们再试试：

我现在是一团糟，我都没办法起床。

陈，我很抱歉。有什么我能做的就告诉我。

谢谢梅甘。我周二要去参加葬礼，你能帮我喂猫吗？

啊，不好意思，我不行，我对猫过敏。

那在我走后帮我挪车呢？

啊，天啊，我不会开车。还有别的事可做吗？

啊，没了，谢谢，我都能安排好。

第二次陈有勇气问了，他认真考虑了梅甘的话。当然梅甘也想帮忙。但是陈无法知道她能帮什么样的忙。任何一个有理智的人都会跟陈一样，并且最终放弃。

对梅甘来说，最简单又真正有帮助的方式，是带着爱心和自信去提供她能提供的真诚付出。可能是下面任何一种：

我园艺功夫很棒，我愿意在你不在家的时候帮你浇花，我也可以帮你收信。

或者

我不会开车（或者我对猫过敏），但是我能帮你找到能做这些事的人，帮你协调好这些。你是什么时候的航班？我可以帮你找好去接你的人。

或者

如果梅甘没办法做，也不想做任何杂务，她可以说："我很抱歉。"如果她是一个善于倾听的人，她可以问："你想跟我聊聊发生了什么吗?"如果她爱送礼物，她可以留下礼物等陈回来以后收。

无论上面哪一种情况，梅甘都给予了她能给予的和她愿意处理的，没有说要做她不想或者不能做的。这样对梅甘来说会简单一些，陈的感觉也会更好一些。

如果你没法针对对方的需求提供帮助，但仍然想要做点什么，比如送礼物、卡片或者诗歌，那就去送吧。再看看共情菜单。如果你发邮件问他们需要什么，他们不太可能会说："可以在化疗时听的歌单。"但如果你热爱音乐，想要建一个歌单，那就去建，不必等着对方来要。如果你没有时间做一个完整的歌单，也没有关系，就把你最喜欢的让人振奋的歌发到对方的脸书主页上。明白是什么意思了吗?

你真心的礼物，
无论对方有没有问你要，
仍然是非常棒的。

当你提出了帮忙的意愿，但没有被接受时

很多时候我们确实提出了帮忙，但没有被接受。这可能是因为：

1. 帮什么忙不够具体；

2. 当时并不需要，但是很可能之后会有用；

3. 可能需求并不是真的存在，或者从来都没有。

解决第一个问题，你可以让自己能做得更具体一些。比如：

- “每周四我都有时间，可以帮你节省两个小时，帮你做任何跑腿的工作。”
- “我还有一辆从来不开的车，如果你需要给外地来的客人准备一辆的话，我可以借给你。”

如果对方一开始没有接受你的帮助，你可以在几天之后、几周之后，或者几个月之后再多提供几次（但是不要再多），看看会怎样。

嘿，听好：

你想提供的帮助，对方现在可能并不需要，这也没什么。

在我接受乳腺癌治疗的时候，有人要帮我照顾我两岁的孩子乔治娅，三个月内提过三次。每次我的丈夫麦克和我都拒绝了，因为我们和那家人一年都没有来往了，乔治娅也不

喜欢和她不熟悉的人玩。但我们不需要人照顾孩子这件事本身并不重要，他们提出帮忙，而且反复几次，让我们深深地感受到被关照。有这份心意真的很重要，因为他们是想切实地帮我们减轻压力。

还有可能，你做了些事情但是从来也不知道对方是什么反应。你知道吗？在这些情况下没收到感谢信是完全正常的。如果你还需要更多证明，想想看：凯尔西的组织在旧金山和纽约做了关于“陪伴”的公共艺术展览，对困境中的人进行了特写并且配上帮他们渡过难关的举措。照片和故事在社区长廊的商店橱窗里展示，延续了好多条街。显然这些小举动都是很有意义的。更多时候出现的情况是，虽然明显有益于当事人，但做这些小事的人从来没有得到感谢。因为在你悲伤、惊慌失措，或是害怕的时候，通常都不会写感谢信。

共情建议：处在病重、哀悼中，或者惊慌失措的人都是可以谅解的。在送出礼物的时候加上一句“无须感谢”并且要真心这样想。

带着愉悦送出心意

（真的。）

对于处在危机中的人来说，他们主要常见的担心是，自己会成为别人的负担。消除他们的这个恐惧非常简单：

- 练习感恩，感激你的一生中有机会帮助到某人。
- 不要提任何你为了这份支持所付出的牺牲（比如，改变时间安排，或者付出经济代价）。
- 在对方问你之前，就以一种实事求是，并且很乐意的态度告诉对方你想帮忙。如果他们向你寻求帮助，就回应对方，其实你非常愿意（记住，有需要的一方很担心自己是一个负担）。比如："一点也不麻烦，没问题……帮别人做家务是让我离孩子们远一点的好理由。”“反正我也要去商店，我能帮你带什么吗？”“正好我也能在遛狗的时候出去遛一遛。”“我一直都超级想和你女儿苏西一起出去玩。”“真棒，我终于有机会试试那个新的意大利千层面菜谱了。”

- 如果你做不了对方要你做的事情，想一想共情菜单上其他你可以做的事情。可能对方并不需要，但是他们至少知道你是真心想要帮忙的，并且可能之后会想到有效的事情。

共情建议： 我们都有一些无法完成承诺，甚至忘记承诺了什么的时候。这种情况是会发生的。困境中的人会格外敏感，他们指望着你。在这种时候，如果你没有跟进，就会伤害到对方。所以尽可能地做你能做的，如果你不能的话就给予足够的关注。

考虑周到也是一个因素

有时候人们想要能更加谨慎地处理事情。我们生活在社交媒体时代，对于人生的困境，我们会以比以往更开放的心态去谈论。所以我们很难想象有人可能不愿意很多人知道自己发生了什么事。有些人可能会比一般人多一些问题，他们会有一些顾虑，如：①隐私；②恐惧；③不想接受现实。这些因素都表明，我们应该考虑得更周到一些。

隐私

有些问题对一部分人来说更加私密：

- **不育** 经历一系列的起起伏伏、不确定，再加上这件事的私密性质，以及常常引发的评头论足，都说明这并不是很多人都有过的经历。如果自己的朋友真的有心但又爱打听，当事人很可能会感觉别人问了太多。对于另一些从来没有被问及的人来说，不育是让人感到非常孤立的事。通常来

讲，如果你们不是关系非常近就别问，除非对方先跟你提起。如果你们关系很近，偶尔问一下，但不要每次见到她都问，对于是否还要继续问更多也要保持敏感。

● 流产

当难以公开自己的哀伤时，或是因为害怕他人对流产原因的偏见，当事人往往选择对这种痛苦默不作声。还有为了避免让老板和同事知道，或是避免让迫切盼望第一个小外孙出生的父母、着急想要买小婴儿帽子的朋友知道，人们有可能会不提流产的事情，不公开生子计划。

如果她告诉过你她怀孕了，你可以（也应该）出面。但如果没有，就没必要这样做。

● 丢工作

被开除会对名声有不好的影响，被辞退的一方会有很重的羞耻感。如果只是随意地听到就上去问“我听说你被开除了”，会让对方很惊恐你的八卦心态。但如果你的问候是为了告诉对方他们做得有多好，那么他们真的想要听到这样的话。只是做得时候要有技巧：

“我听说你不在______工作了。我只是想让你知道我觉得你在那里做得有多棒。”

● 疾病

有时人们不愿意面对其他人的反应而选择隐瞒病情，否则病人可能会觉得还要去处理其他人的指手画脚或是强烈的情感反应。如果是某种慢性病，人们对于能够暴露多少信息的感觉是会变的，有时他们更想要说出来。在工作中，生病的消息可能会把一份工作或者升职的机会搅黄。对有的人来说，在工作或者社交圈中不提生病的消息能让他们觉得自己更“正常”，而不会让疾病取代了他们自己的身份。仔细听当事人希望如何处理这种处境的信号：（很多时候）他们可能对这件事比较能放开说，但也可能更倾向于保持沉默。

● 离婚

离婚不仅仅影响了一对夫妻，更会影响到双方的亲友圈子，分手的消息往往会在曾经见过有关的任何人中间引发一波看法和假设。很多人在准备离婚时就想处理好该如何告诉别人。还有，某些工作和宗教集体对离婚并不包容，如果没有准备好如何应对，被人猜忌和八卦会给当事人带来担忧。如果当事人已经想好了，而你想做坚实的后盾，记住，千万别妄加评论。如果你们关系不近，但维持很久了，且对方离婚的消息已经公开了，你可以表达自己对对方困难处境整体上的感受。但你也千万别让自己听起来像是在找八卦，问为什么会这样，开放性地去听对方现在过得怎么样。

● 丧失

所有这些事情中，死亡是最公开的。更私密的部分可能是某人哀伤的具体本质是什么，并不是所有的丧失都带来痛苦，有的时候也带来解脱，或者一系列复杂的情绪。一般来说，只要你在乎，无论以哪种方式接触丧期中的人，对方都会感激你。你可能会假设他们的丧失会有悲伤，但如果对方没有明说，就不要太渲染悲伤。给丧失期中的人提供空间开放地聊自己的感受；如果你们不亲近，说一句“我很抱歉”就好了。

一般来说，只要你在乎，无论以哪种方式接触丧期中的人，对方都会感激你。

恐惧和崩溃

发现自己的孩子有残疾？得知自己被诊断出了重病？意外发现你的另一半正要提出离婚？所有这些情况都会让你震惊、害怕、崩溃，这些感觉也是人们想要谨慎处理情况的另一个原因。把这件恐怖的事大声说出来可能会让当事人觉得“真实”过了头。

我们决定除了我丈夫的直系亲属，还有他最好的朋友之外谁也不告诉。几个月之后，他跟更多的人说了病情，有人表示他们很失望自己没能早点知道。他们似乎不明白，面临威胁生命的疾病时，跟其他人讲是怎么回事有多难，多让人害怕，多私密。

——瓦莱丽，其丈夫患了癌症

这种情况下，任命一个沟通代言人很常见，这个人可以跟其他人传达情况的具体细节，就像项目经理一样，他们可以屏蔽各种提问，并提供一些辅助。(所以如果你善于沟通，快来申请做这份志愿服务。)

嘿，听好：

有人跟我们分享脆弱，是信任和友谊的信号。所以当朋友在没有告知你的情况下处理了困难，后来再告知你，你可能想问“你为什么不早告诉我?”但有些情况，对于困境中的人确实太难提起，或者太害怕说出来了。关注你接下来该如何提供帮助，而不是对方没做什么。如果你的朋友一直都不爱表达脆弱，你很难接受这一点，你可以之后找时间再提，而不是在危机时刻提起。

不想接受现实

并不是所有人都愿意选择通过与人分享、聊天或是二次消化来处理事情的。

你可能不是，但有的人认为总是关注愁人的事情会让他们的事业、家庭和生活都受到打扰。作家杰基·柯林斯（Jackie Collins）癌症晚期仍然在出版图书，她说："我不想要同情，同情会让你软弱。"你可能不同意这样的选择，但是大部分时候，不该由你来改变它。

你没法提前知道当事人希望事情怎样被处理。

如何在尊重对方隐私和不闻不问之间平衡？没有明确的标准，除了我们自己决定实践的准则：

如果你非得在给予太多或者太少关心之间选，我们会选择"太多"。

那就要注意信号，想想看：

- 如果对方不想谈某件事，尊重对方。

- 问当事人小圈子里的朋友，知不知道当事人想不想让别人知道这件事。
- 如果可以的话，注意一下言语和非言语的信息。
- 想想你自己会不会想让其他人知道这件事。
- 如果你认为隐私是主要的顾虑，但你又非常想要提供帮助，考虑得谨慎一些。

最后，

学会和你犯的共情错误相处。

如果你的关心超过了对方的边界，并不是说你共情做得很差。你仍然做得很好，只是并不是当事人想要的。每个人都会遇到这种时候。但大多数时候，对方会感激你尽力想要帮忙。所以，除非对方明确告诉你不要，否则你都可以冒这个险。

我该在什么时候问候？

什么时候是最好时机取决于你们之间的关系以及困难的性质。没有一个明确的标准，但是下面是一些一般的准则。

如果你们之间关系很近：

- 如果对方主动找你，立刻打个电话，可能的话就见面讲。
- 如果你是通过其他人听到了这个消息，在头几天内最好先用短信或者邮件联系对方，之后可以打个电话或留个语音信息。
- 最好在一周之内，可能的话在几天之内，去看看对方。
- 如果没有办法去看望，常常发信息或者打电话。但要记得强调不必打回来或者回信息。

如果你们的关系一般，或者说是工作中和社交中时不时有交集的人：

- 你可以等一两周之后再发一封邮件，送张卡片或者花。
- 不要立刻去联系，因为这可能让对方承受不了。
- 就算你也有过类似的经历，最好也不要打电话。因为接到太多电话时，人们通常会觉得喘不过气来。

如果你们之间的社交非常有限，比如你不知道对方叫什么，但是在小区里、社交活动或是工作中经常见到，你们只是彼此尊重：

- 你可以等到下次见到他们的时候再提这件事，或者下次见到时送一张卡片，这可能是几周甚至更久之后了。但首先，想一想对方的具体经历可能需要哪种程度上的关心。
- 什么都不必说。

无论是研究表明的，还是你能问到的任何人，大家都认为工作中高质量的联结和慈悲心能够帮助员工在重要的丧失和疾病后调整。如果老板忽略员工的困难，不仅不会使员工更有效率，结果还可能相反。因此，老板要简单承认发生了什么，而不是假装一切都很正常。

当你听到员工遇到困难的时候，私下说一句“我很抱歉。”

老板们还应该考虑送花或者送卡片，了解员工后续是否需要特殊的调整，要根据事情发展灵活处理。另外去跟人力资源主管沟通，同意员工工作时间灵活一些也很重要。我们一遍又一遍地听到，这样做之后员工会回报以忠诚。

我的老板同意让我的工作时间变得非常灵活，让我在家工作了几个月。我那时候可能是一个很差的员工，但是长期来看是值得的。我在这家公司工作了很久，后来我贡献了很多。

——阿尔文，女儿有先天性心脏病

还有，要时不时问一下员工情况怎么样了。一个患了多发性硬化症的年轻人说：“我不想在工作的时候被人关注我的病，但是我很感激我的老板时不时问我是不是还好。”

小结：

表示了就很好。

如果你能做到，或者是你想给予的仅仅是说一句“我很抱歉”，这也比扭头走开要好。

如果你当下最想要付出的东西对方并不需要，你的好意（虽然没被接受）也比扭头走开好。如果你时间足够充裕，有足够的动力或是责任感（并不是说有资源，有火箭飞船，想给对方摘星星摘月亮），这也比扭头走开好。

如果我们把助人想象成拯救别人脱离苦海，那我们很可能就不想给自己找麻烦。我们很容易会觉得没有准备好应对这么大的责任，或者错误地认为轮不到我们最先出手。就算我们对自己的能力有信心，觉得能够为其他人扛下一堆事情，面对一整天的工作、闹了一宿的孩子，或者是受邀周末出游，这些都会让我们决定改天再做这个共情的大项目。如果你还在为自己付出不够多而感觉纠结，记住：你可能已经做得很棒了。

做任何事，

即使是小事，

都完全够。

表示了就很好。

第三部分

请别搞得我好像个灾难

第6章

请你永远都别说这些话

（谢谢！）

我的叔叔自诩为精神导师，跟我说："我认为这是你和你母亲之间未解之结的迹象。"我很无语。

——希瑟，癌症康复者

卡拉是我的一个好朋友，是非常乐观的一个人。医生也不清楚她为什么会慢慢失去视力。自然，她要接受许多医疗检查，结果渐渐指向了一种可怕的可能。卡拉在确诊那天给我打了电话，她患了多发性硬化症。这比我以为的还要糟。但一向乐观的卡拉说，她得知这个消息后反而有种解脱的感觉，还觉得很有希望。她说医生告诉她，症状恶化的过程会持续很长时间，所以这么久以来她都还没有完全失明，那个时候她觉得她还能接受。

我沉默了一会儿，不想说那些很乐观积极的话。我也希望她知道，我承受得了这个消息，无论情况多糟，都不需要为我美化它。但我如何才能既肯定卡拉处境的严峻性，又表现出我是她的好朋友，并且能够承受真的很糟糕的消息呢？

我给卡拉讲了一个大学朋友患多发性硬化症的故事。她的情况变得特别糟，最后她用绝食的方式结束生命。

备注：还好卡拉宽宏大量，理解并且原谅我，我们的友谊还是非常的亲近，后来我学到了很多更好的支持朋友的方法。

在C. S. 路易斯的回忆录《卿卿如晤》（*A Grief Observed*）中，他描写了因为癌症失去爱妻的经历：“我看到人们在接近我时纠结于提起还是不要提起。无论他们提不提我都烦躁。”在丧失和过渡的过程中，我们都是脆弱多变的生物，陪伴低谷期中的他人也并没有一个完美的好办法。但重要的是，别让情况更糟。

某天你像往常一样自己开着车，突然想起自己说过什么蠢话，你知道那种感觉，那种羞耻感，你都想把自己从开着的车上扔出去。

我们的目标是永远都不让这样的事情发生。

我们的防御可能会冒犯他人。

很多时候我们尝试安慰别人，结果却搞砸了，这是潜意识的冲动导致的，心理学家还有大众称之为“防御机制”。这是大脑让我们免于心理痛苦的方式。通常，这对我们的精神是有帮助的，但有时屏蔽痛苦会妨碍我们支持他人。我们描述了几种防御，你可以看看有多少“天啊，别说这些”的情况。

● 否认 这种情况发生在我们实在太过痛苦以至于不愿接受事实的时候。我们假装坏事没有发生。

● 投射 这个时候，我们把自己的想法和感觉说成是其他并没有这些想法和感觉的人的。

● 转移 这种情况发生在新创伤掀开了旧创伤时，这会让我们比第一次经历时情绪更激动。（举个例子，你对朋友最近分手的前任非常愤怒，因为你没有机会对你自己的前任表达愤怒。）

● 理智化 当我们情感上不想感到痛苦时，理智会占据大脑。我们会分析他人或他人的处境，而没有去感受对方的感觉。

在你阅读本章中许多“不要说这些”的例子时，请放心，这些冲动都是完全正常的。但就算这很正常，也应该避免。

我！我！我！还是：我。

就像你知道的：在你讲生活中非常艰难的事情的时候，比如你做了背部手术，好多天都不能走路。你的朋友接近你，你以为他会说一些支持性的话，他却说：

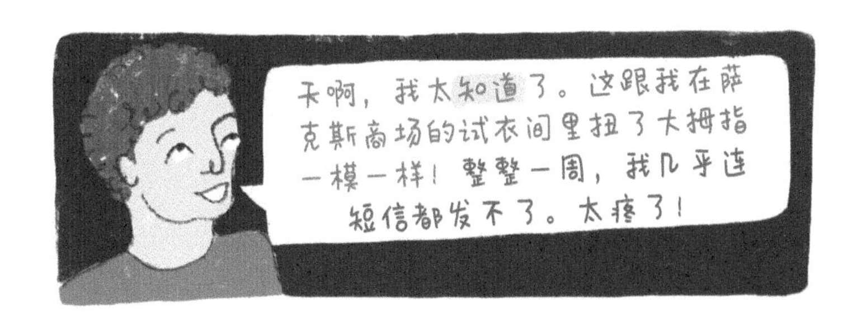

或者你在讲不育治疗又一次失败了，你正伤心呢，你的朋友突然说："你们就应该去度个假放松一下。这对我来说很有用！"在我们试着支持别人时，我们通常会犯一种错误，这种错误我们称之为"全都关于我综合征"。根据我们的调查（以及我们自身经历），这种综合征非常常见。

这种现象很容易理解，我们都这么做过。找到合适的话就串在一起，言之凿凿，或者做一些能够有助于将我们和事件关联起来的事。如果问我们有什么能自在地谈论的事，那当然是我们自己的生活。所以在面对其他人未知的、不舒服的情景时，我们很自然地想要把对话拉回到自己熟悉的领域，拉回到自己的经历上。

比较永远都很烦人。

当我们想要跟别人的困境建立一些联系的时候，我们最常见是本能反应是和我们自己的情况做比较。就像第 4 章中写到的，这样做好似是利他的，让对方觉得没那么孤单。但事实上，类似"我知道你是什么感觉"或是"这跟我的经历差不多"这样的话会失去了解危机中的人是什么感受的机会。一个离异的人说："我母亲坚信我的离婚会跟她的一样。她不想或是不能看到，我的离婚跟她的不一样，我跟她也不一样！"失去双亲的人说："我常常很惊讶人们很快就会开始讲他们自己的事情，而不是真的在乎你的事。”

这并不是说你不能讲自己相似的经历，但如果你要讲，注意别讲太多，让对话聚焦在对方身上。

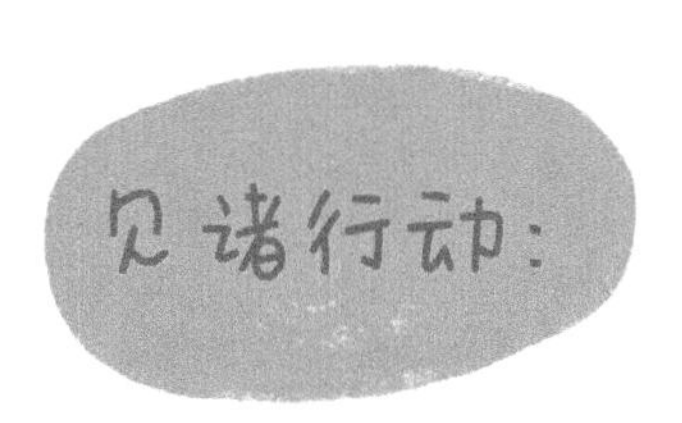

特丽莎得知她的同事理查德的母亲刚刚过世。

特丽莎

你母亲的事我很难过。

理查德

谢谢你。她已经和癌症斗争两年，她尽力了。

特丽莎

我的父亲五年前突然心脏病发去世。我们都没有机会和他说再见。

理查德

哇，特丽莎，太让人难过了。

特丽莎

想到她去世时你至少在她身边，是不是觉得轻松多了。

为了回应特丽莎说是不是轻松多了，如果理查德还想继续对话的话，他有几种回应方式，可能都不那么舒服：

1. “是吧，我可能好一些了。”
2. “并没有，看到她带着那么大的痛苦离去太难受了。”
3. “可能我应该为能够陪她走完全程而心怀感激。”

具体来看： 特丽莎的谈话策略包含两个常见的问题。首先，她拿自己的经历与理查德的比较，改变了谈话的重点，本应该是共情理查德，变成了共情她自己，因此让理查德有不得不安抚她的感觉。其次，因为她自己没有在父亲过世时陪在身边感觉很遗憾，就推测理查德在母亲去世时能陪在她身边，应该感觉释怀。

理查德的第一种回应是他同意说自己释怀了一些，但是因为带着迟疑，所以他没法真诚地表达自己的感受。理查德的第二种回应非常真诚，但是有防御性，对话不再让人感觉有支持性了。理查德的第三种回应是在回避特丽莎的评价，他不假思索地默认“感到感激”，但他更可能是被特丽莎烦到了。

让我们再试试：

你母亲的事我很难过。

谢谢你。她已经和癌症斗争两年了。她尽力了。

要想更好地支持他，特丽莎有几种反应的可能：

1. “我很抱歉。”［她没有去提自己的经历。］

2. “听到这个消息我很难过。我的父亲几年前也过世了。你现在怎么样？”［她承认自己有过相似的经历，但是仍然关注理查德的感觉。］

3. “陪她走完人生最后一程是什么样的经历？”［如果特丽莎想要了解更多有关理查德在母亲临终前的经历，她可以这样问。她从自己的经历出发，认为这一点应该很重要，但没有假想理查德的感觉。］

这很重要，让我们来看另一个例子。

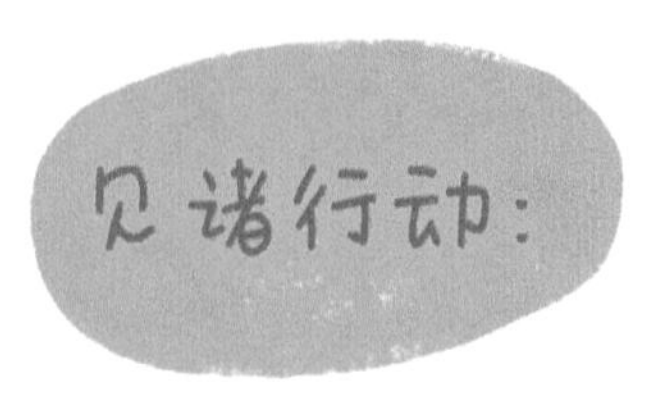

看看另一个被访者凯莉的故事，当她打电话告诉她的朋友简，自己最近被诊断出癌症时：

我患了乳腺癌。

什么？好吧，至少医生们很了解乳腺癌。你知道我也有癌症。他们对我这种癌症束手无策。

是，可能挺好的吧，对。嗯……除非这种乳腺癌很特殊，只有 50% 的乳腺癌是三阴性的，医生也并没有什么研究，除了大量的化疗，不知道有其他什么治疗办法。

我每天都必须服用化疗药物来对抗癌症，效果特别差。

嗯，我的癌症发展很迅速，他们给我开了最大剂量的药，得熬半年左右。你的化疗药是最大剂量吗？

不，但仍然让我特别累，我还必须终身服用。你的可能半年以后就停止了。

（快要哭出来了）好吧，但是至少你知道只要服用药物你就能活下来啊。对吧？我并不一定！

可能你会活下来的。

（挂电话）

这是一个很极端的“全都关于我综合征”的例子。但它确实发生了。我们看看这是怎么发生的。凯莉的朋友简，因为自己的情况压力很大。就是这样！也许简没有准备好跟凯莉聊她的癌症，因为这触发了简对自己健康的担忧。她没有办法走出自己的问题，也无法在交谈中表现支持。支持小组中的人都会非常当心这种现象，这也是为什么小组的一个基本原则就是，没有人的情况比其他人的更差或者更好。如果你因为害怕或者感觉孤单而参加一个支持小组，无论你是癌症一期还是三期都不重要，重要的是你感到害怕和孤单。我们采访的一位女士谈到，家有健康子女的人把自己的孩子与她有特殊健康需求的孩子相比："无论初心是什么，比较都起不到任何帮助。"

你并不是专家

这个时代似乎只要有互联网，你就能成为任何事情的专家，还能造出一些理论。红酒会导致癌症。喝太多或者太少咖啡会导致流产。离婚了？上周日正好有篇文章讲其他人也都在离婚。是的，你的婚姻摇摇欲坠只是这个时代的缘故！你没什么特别的，我们会把文章链接发给你。

但要讲到提供支持，聪明远远没有善意（还有举止得体）重要。如果你对叔叔为什么患了肺癌有一套理论，这没什么，但他现在不需要听你的论调。一位女士的母亲患了口腔癌，她跟凯尔西说：

> **每个人都问她是不是抽烟，这太烦人了。是，她年轻的时候是抽烟，在20世纪70年代。但这就意味着她活该得癌症吗？这样问好像在说她是自找的，完全没有一点同情心。**

除非你真的是专家，并且别人向你寻求专业帮助，否则你可不要在听到其他人遇到危机的时候，给对方讲一套悲剧为何发生的马虎理论。

这样做会有两种伤人的暗示：①这样的遭遇是可以避免的，或是活该，因为如果这个人当初做了X或者Y，就会没事的；②这种挖掘事实如何的做法并不是在提供安慰，而是为了厘清问题根源，确保这样的事情不会发生在你身上。一位凯尔西采访过的女士被诊断出癌症，讲起其他人总是问她问题的感受："就好像每个人都在利用我的处境计算他们自己的风险有多少。"

所以你看到了，如果你想去接触和你有过相似经历的人，收好自己那些正常但也非常没有益处的冲动有多重要，不要去比较你们的处境。如果你觉得还没准备好去应对其他人的困境，担心自己会被带起强烈感情的话，那么看一看共情菜单，找找其他能够支持你的朋友但不需要你说太多话的方法。如果你想跟谁聊一聊因为别人困境所触发的感受的话，跟其他人讲，别跟你处在痛苦中的朋友讲。

别再讲最糟糕的情况。

不管是新晋父母将会有多缺觉，还是死亡率和肺癌的数据，最糟糕的情况都不会让人感觉舒服。就算对方是悲观主义者，听到有人跟他们有一样的担心，也会引发跟欣慰截然相反的反应。凯尔西很惊讶自己对最糟糕状况的反应，因为她通常是那个最喜欢在已经喝了一半的水里找出一些传染病病毒的人。但是如果有人提到亲戚或者朋友死于乳腺癌，她几乎要跑到洗手间吐，因为她吓坏了。

放心吧，当事人肯定比没有亲身经历的人多谷歌过很多很多遍了。

还有，跟人家讲最糟糕的情况，很可能并不会让痛苦的人得到更多信息。要为人父母的人应该已经知道他们的睡眠会一直被打乱。他们知道了，谢谢！患肺癌的人对他们的死亡率很可能再了解不过了。我们了解朋友不想听到乱安慰人的鬼话，但是你的朋友也不想听到未来会让人这么沮丧害怕。谁愿意？对有些人来说，这项原则可能需要很强的自律，但最好还是记住：

最糟糕的情况会让当事人甚至比现在还要害怕。

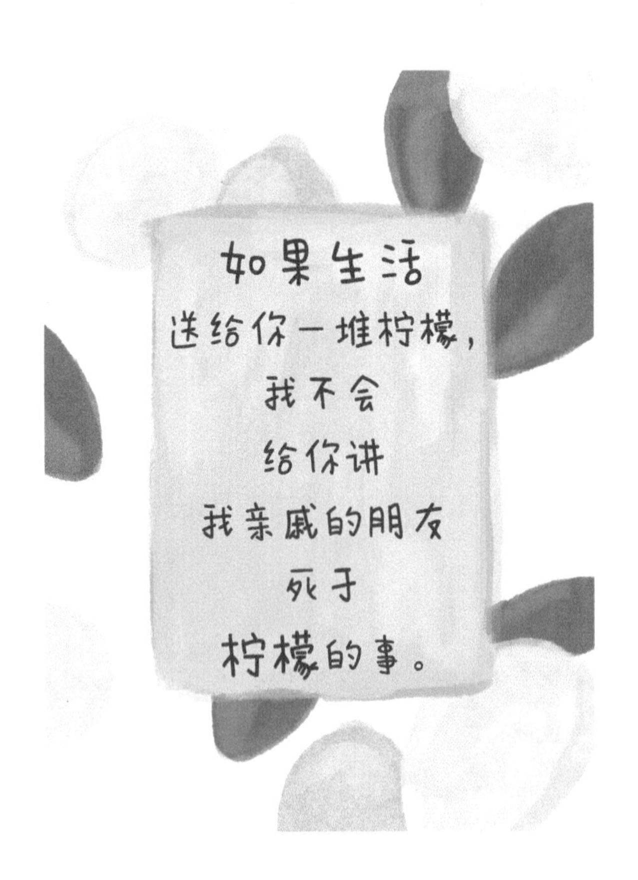

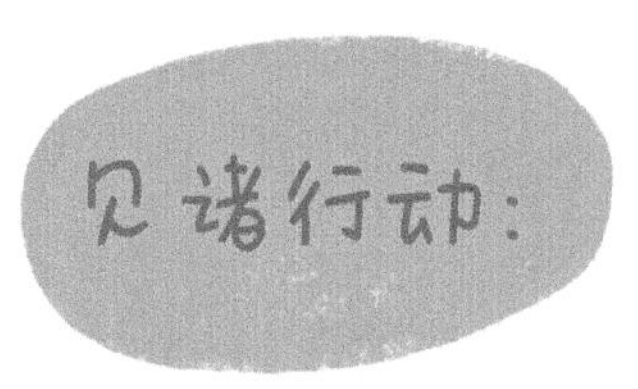

胡安听说他的姐姐苏要离婚。

胡安，我想跟你说个很糟糕的消息，卡洛斯和我要离婚了。

什么？这太疯狂了！怎么会这样？

恩，已经有一阵了。

但你们看上去一直都很开心啊！

这里面有很多故事。

那房子和孩子怎么办？你可得怎么过啊？

这种事情一直都在发生啊。孩子们甚至可能还意识不到这件事。实际上我觉得很好！[苏挂了电话开始哭，怀疑自己的整个人生，想揍胡安。]

具体来看：胡安惊恐的反应是出于担心，但他的反应也让苏感觉自己被评价了，他一连串的问题让苏觉得胡安对她的应对能力没有一点儿信心。胡安世界末日般的惊恐让苏想要：

1. 回避他的评价；
2. 安抚他。她正常化了她所经历的事情："这种事情一直都在发生""很多人都经历过"。最后苏不得不一边防卫自己，一边安抚胡安，和本来应该由胡安做的完全颠倒了。

为什么胡安要这样做？有可能他真的非常担心苏，比如他知道她和丈夫刚刚一起贷了很多款买了这套房子。也可能他把自己的恐惧带到了情景中，他自己是因为考虑到这些因素而没有离婚。凯尔西遇到一位女士讲她父亲对于她离婚的担忧。她父亲叫她再多努努力挽救婚姻，但是半年后当她还是选择离婚时，她的父母也离婚了。重点在于：我们的恐惧会在其他人描述他们自己的困境时出现。我们的任务不是用一系列问题或者一连串建议来回应，而是简单地了解当事人现在怎么样。

让我们再试试：

胡安，我想跟你说个很糟糕的消息，卡洛斯和我要离婚了。

啊！太意外了。你现在怎么样？［胡安说自己很意外，但是没有表现出惊吓。他没问“怎么回事”，他知道自己慢慢会知道的。他立马将话题转到苏现在怎么样上面，表现出想了解苏的感觉。］

胡安还可以有另一种反应：

你现在脑子里一定有一堆事。你怎么样？［胡安通过肯定苏即将面临的重重困难来表达他的担忧，而不是说她完全不知道自己面临什么，他也清楚地表达自己可以跟她聊聊她的感受。］

但是，等一下！
不加克制的积极乐观
可能更糟。

我们当中乐观的人可能很难听进去下面的话，乐观的反应可能比悲观的更令人难以承受，对于哀伤期的人来说这可能是不理性的乐观。对于危机中的人，时机不对的乐观让人

听起来像是空洞、没有意义的陈词滥调，尤其是对于那些真的不可能变好的情况。

有研究支撑这个观点：给失败或者挫折扣上没边的积极性会让人觉得更糟，而不是更好。我们自己和他人的亲身经历也证实了，给困难贴上积极的标签，通常会让失去亲人的人以为你是想努力让他们别再说了，让他们闭嘴（并且别再给你打电话）。

你可能非常相信，什么事情发生都是有原因的，或者自有天意。很多人都这样认为。但这是你自己的信念，除非你知道痛苦的人也有这种信念，否则这样的想法可能对你来讲算是安慰，但对别人不是。

最终随着时间流逝，危机中的人回过头来看他们的人生，可能会带着新的视角想：你知道吗，我可以看到因为那次糟糕的经历我收获了X（好的东西）。从可怕经历中创造意义会帮助人们应对困境。但是这种收获是我们每个人自己，用自己的时间得到的（也可能得不到）。强塞的积极性不会有帮助，除非当事人已经准备好了。但在刚刚诊断出疾病，亲人刚过世或是刚经历丧失后的那一刻，很少有人能准备好。

你的任务是去听，
不是减少对方的担忧。

一个不全面的列表

没有益处的话

- “什么事情发生都是有原因的。”
- “这是天意。”
- “没有摧毁你的会让你更强。”
- “还可能会更糟呢。”
- “至少不是癌症。”
- “那就想点积极的。”
- “上帝不会给你你应对不了的事。”
- “至少你还有一个健康的孩子。”
- “那你就领养啊。”
- 任何以“那就”“至少”开头的话。

共情建议： 如果解决问题的论调这么没有帮助，那为什么又这么常见呢？芙尔·沃克（Val Walker）在《安慰的艺术》（*The Art of Comforting*）一书中讲到，相比存在的状态，我们的文化更看重有什么结果；相比情绪混乱，我们更看重整理好情绪；相比于让事情就那样待着，我们更相信得有个了结；相比于学会和哀伤相处，我们认为治愈就等于彻底摆脱。我们对痛苦的不适感以及想要阻止它的冲动，导致我们头脑过于简单地处理，仿佛在说哀伤本身应该是很容易过去的。这种肤浅的做法只会让痛苦中的人为自己还会痛苦感到更心碎（和可悲），并对试图帮助的人更加疏远。

基于所有这些原因，最好不要说多看积极一面的话或论调。去了解你的朋友对正在发生的事情到底是什么感觉。

很简单：听就好了。

如果又有人
跟你说
什么事情发生
都有原因的话，
让我当
第一个
揍他的人。

我很抱歉你要经历这些。

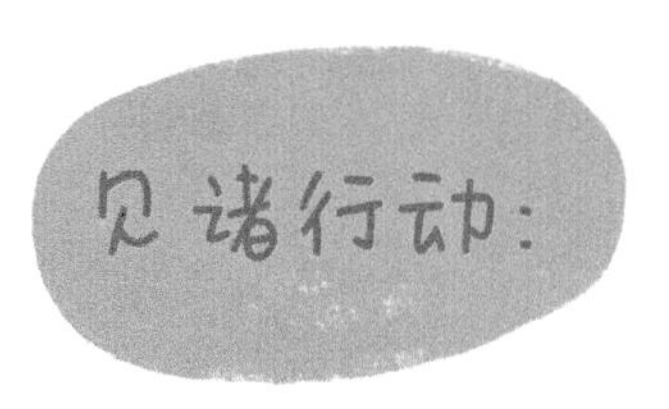

马蒂跟她的邻居温迪说自己的孩子被诊断出抽动秽语综合征：

我都没法入睡。我完了。她有心理问题。医生说根据她过去的情况以及目前他们所了解的情况，她有超过 50% 的可能性患上了抽动秽语综合征。

别太担心了，他们没说 100% 是。

在交谈中，温迪试着用积极视角看待概率问题，以此来降低马蒂的担忧，而不是听到她的担忧。

我不清楚，高于 50% 的概率可不是 1% 啊。如果我今晚有 50% 的可能要吃芝士汉堡，很可能意味着我会吃。所以我的孩子可能真的有障碍了。你知道吗？

一切都会好起来的。你要保持积极。

这里温迪是在向马蒂灌输自己的信念体系，也就是说她认为的健康，她这样做是在暗示：

1. 马蒂的信念体系不完善，所以导致她这么痛苦。

2. 马蒂不能保持“足够积极”，这甚至可能就是导致她孩子问题的根本原因，做不到意味着是马蒂是自找的，或者是这个家庭活该。

让我们再试试：

我都没法入睡，我完了。她有心理问题。医生说根据她过去的情况以及目前他们所了解的情况，她有超过 50% 的可能性患上了抽动秽语综合征。

我很抱歉发生这样的事。

谢谢。我也不知道该怎么办。我猜我能做的只有等等再看情况。离网上的信息远一点，但这太难了。

温迪只是简单地承认了这个不幸的消息，但让马蒂增添了很多信任感，讲出自己更多的感受。

共情建议： 跟着对方走。如果你问危机中的人感受如何，他们以特别乐观的态度，或者是你觉得是老生常谈的话回应你，那你可以跟着对方的引导，回应类似的话。这种情况下，积极的角度可能会有帮助。

不要
站着说话不腰疼

我们很难不放马后炮，有些时候关于对方的困难，我们旁观者清（但我们自己经历的时候就不行）。但是这样做从来都不对。

不要这样	而是这样
“我从来都不喜欢他。” “我以为你很讨厌那份工作呢。” “我就知道你不应该搬到那块垃圾填埋场附近。” “我早就看出来了。” “我真惊讶你早没这么做。” “想玩就得付出代价。”	别说出来！

消防员是英雄（我不是）

埃米莉说：

我在化疗期间，经常听人说："啊，你真勇敢！"我很感激人们想鼓励我的心情，但是这也让我觉得，没有人了解患癌症是什么感觉。选择冲进着火的房子里去救人的人都很勇敢。但我只是被困在了一个无论以任何代价我都想要摆脱的处境，而我唯一能做的就是每天醒来，迈开步子。

想鼓励你的朋友并不奇怪。我们都有过挫败、缺乏安全感的感觉，所以我们知道这种时候有爱人鼓励我们，告诉我们有多棒、有多特别是多么重要。

有时候困难时期漫长且难熬。身患慢性病就是一个例子。当它发生在我们身上时，我们需要其他人看到早晨起床这件事需要多大毅力，而不是对我们的抱怨有任何评价。（我们每个人都可能抱怨难处，且抱怨很多。）

除非你非常了解对方的具体情况，否则你最好不要密切关注或评论他们的处理方式。如果这类表达来自一个对里里外外情况不全了解的人，像“你真勇敢”这样本是好意的话，听起来也会像“你生活糟透了，我简直不敢相信你还在过。”而对能起床、做每天该做的事表示羡慕，感觉并不像是真的敬畏，更像是我们之前提过的可怜。

还有一种可能，“你真强大”这类评价的副作用是让当事人更不愿意去面对自己的真实情绪，害怕让其他人失望，或者担心如果分享真实体验到的痛苦会拖累别人。一位女士在失去配偶后告诉凯尔西：“当有人跟我说‘你真强大’的时候，我很畏惧。我可能看起来很强大，但是我的内心已经崩溃了。我还活着只是因为有孩子。”

见诸行动：

场景1： 明迪有一个六岁脑瘫的女儿要使用轮椅。她在电影院要帮女儿通过一个狭窄的卫生间走廊。她遇到了普里亚，女儿同学的妈妈，她在排队。她们随意聊了几句电影。接着沉默了一会儿：

你知道吗，明迪，我简直不知道你是怎么做到的。

做什么？［她带着忐忑问。］

哦，就是这样养大萨曼莎，应对所有挑战。我永远也做不到。你太棒了。

根据你现在读到的，可以猜猜明迪对普里亚的话可能有下面哪一个反应（可能不会直说）：

1. 感激普里亚的支持。

2. 厌烦普里亚居高临下可怜的态度。

如果选了 2，那你可以得到一颗金星。如果你没答对，想想这句话为什么会让明迪觉得厌烦而不是被支持。再想想为什么对于这种情况，普里亚最慈悲的方式是对明迪女儿的情况什么都别说。想想下面这些问题可能会对你有帮助：

1. 明迪从普里亚的话中听到了什么信息？

2. 为什么普里亚要这样说？［善意和故意表示和蔼可亲的原因都可能存在。］

3. 如果明迪没听到对她女儿情况的评论，可能会有什么样的感觉？

4. 如果普里亚想要和明迪建立关系，有哪些关于明迪女儿的观察、看法或者问题可以有助于正常化明迪作为母亲的角色，就像普里亚自己也是一个母亲那样？

场景 2：乔患多发性硬化症长达 15 年了。他的情况时好时坏，最近他的神经性疼痛加剧了。他的疲劳症状变得非常糟，过去 5 天都没有办法上班。虽然做这些事会让他疼，但是他仍然坚持每天遛狗，在睡前给孩子们读书。他的弟弟约翰正在试图调整自己的生活，和这家人一起生活几个月。

乔，看你带着病痛和疲惫仍然坚持做这些事，让我想到我的脾气，还有头脑发热的毛病给我的工作和婚姻带来了很多问题。看你如何处理事情，做你该做的事，我学到了很多。我知道你从来都不想得这个病，也从没想过做我的偶像。但现在，看到你和你的孩子在一起，我深深地敬佩你。

真的，谢谢。我需要听到这样的话，尤其是现在。这周不能工作让我觉得自己很差劲。

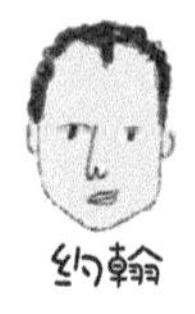

这的确很讨厌。但从我的角度看，你做得非常好。发生什么了？

我们都需要在感觉糟糕的时候被人发现，听别人说我们做得很棒，或是听到我们真好（因为我们事实上就很好），这就像“上帝之音”。如果你不了解对方的具体困难到底是什么，最好不要对当事人是如何挺过来的发表特别具体的评价。

如果他们没问你，他们可能也不想知道。

我们都知道，不请自来的建议是很烦人的，哪怕建议有帮助。但当出现问题的时候，我们很多人都本能地想要去解决问题。比如，“我想要帮忙”类型的人可能会不假思索地说出一堆倒立对于怀孕的好处。

就算你的知识能对解决他人问题有很大的帮助，99% 的情况是，你的朋友不想听你的建议。但这并不是针对你的。你可以相信你不是唯一一个有好建议的人。

在黑暗时期的人听了足够多的建议，就快病了。

建议越来越多，操作越来越难，因为建议难免会有冲突。长寿饮食还是生食？植物性饮食还是原始人饮食法？美国土著的还是中国草药精华？找调解员还是律师？试管婴儿还是领养？源源不断。

这种时候，我们有理由认为当事人已经每天 24 小时，每周 7 天都在想如何解决问题，他们可能已经花比你投入多得多的时间去想该怎么做了。一个妈妈讲述了她女儿花了几年的时间才得到确诊的特殊健康状况：

> **这么多年来，就算我已经试过了，人们还是告诉我该给她吃什么，该看什么医生。他们怎么想的？我没有了解过吗？是我自己的孩子病了。**

建议让人抓狂，最大的问题在于它听起来有主观偏颇。一位怀孕困难的女性跟凯尔西说，有关她不孕的建议让她觉得好像这是因为她道德有问题，好像只有每天做瑜伽，喝酵素茶的女人才能怀孕。用同一逻辑，那些没有采纳“助人者”

建议的人就活该。有这样的担心是非常现实的，因为研究发现我们本能地知道：当我们认为是别人自己造成了问题时，我们就不那么有慈悲心了。如果你想对给建议的倾向了解更多，就读一读“强迫接受型”那个部分。

那忍不住想给建议时该怎么办？

1. 不要给出解药。尽管你的直觉可能是对的，记住：强迫你生病的朋友吃麦草，或是其他你在网上读到的东西，没有用。

2. 回避使用“应该”这个词。如果你所在的氛围充满哀伤，而你觉得“应该”这个词就要脱口而出时，干脆别说话。附近可能有吃的，吃点东西。

3. 回避所有下面这些话：

为什么不领养一个，而要做试管婴儿？

你有没有试过瑜伽？

伴侣咨询怎么样？

我看到吃肉会导致癌症。

你有在克雷格信息网上找工作吗？

我听说吃生食会治好你。

那该说些什么呢？回到我们有关该说些什么的建议那部分，试试“我相信你知道该怎么做。”如果你有针对当事人情况深入而专业的知识和经历，觉得一定该给出建议，如果不说会觉得自己很糟糕的话，你可以加一句“如果你想要对XYZ了解更多的话，我可以给你这些信息。”如果你为对方提供了信息，最好也在最后加一句“但我想你也都已经了解过了。”

明白了吧？此刻并不是你给建议的时候。记住，痛苦中的人会自己掌控他们的经历。除非他们问你要建议或是反馈，否则假设他们都已经知道了一切该知道的，他们已经有了自己的理由选择这样应对。

支持在困境中的人的黄金标准和医学中的希波克拉底誓言很相似：“别做出伤害。”阻止解决问题的冲动，阻止想很聪明地解决问题的冲动。相信生活给了我们很多机会可以证明自己有多聪明。

那要做什么？

接纳尴尬的沉默。

你会好好挨过去的。

我的朋友让我疯掉了，我没法应对（但是这样想让我很内疚，因为她的生活现在很难）帮我！

有时，艰难会把痛苦中的人困在难过、愤怒或是恐惧中，这使他们一遍又一遍地重复同样的不良行为。对于有这类情况的人而言，他们的朋友和家人很难做到保持安静倾听，且不去纠正它。有时，我们对当事人的抱怨和失望只是暂时的，和其他人分享这些感觉也没有关系（但不要和问题核心的那个人分享）。另一些时候，这样做确实会给双方关系画上了一道真实的裂缝。

当所爱之人的行为对你来说消耗太大，且你们的关系中已不再有你的位置时，你很容易会感到失望，直到某一个临界点，你只想把他们一下纠正过来，然后回归“正常”。

迎接这个挑战的最好方式是专注于你的心在哪里。把你想说的建议放在一边，跟当事人聊一聊你觉得你们两个人现在的关系如何。

说出你自己的感觉比告诉别人该做什么难多了。虽然这一点更脆弱，但也更值得信赖。

下面是一个表，列出了常见的冲动，还有我们建议的做法。

不要这样	而是这样
提出建议	别给建议，练习收敛。
懒得再听	别给建议，耐心倾听。
因此绝交	谈一谈最难的话题：在这种艰难时刻，你对你们的关系有何感觉。

这些都比给建议难得多，但是当你真的在倾听你朋友说话时，你会听到比回荡着你自己有多棒的回音更有回报的内容。

我们知道这可能会非常难。时间长了以后会变容易一些。如果你从这一章节只学到一样，记住：

最好永远永远
都不要给建议。

最好别做那个烦人的人

不要这样	而是这样
“你一定觉得______。”	“我很难过。”
“我知道你是什么感觉。”	“哇，那很难吧。”
“当我______的时候，我觉得______。”	“对你来说是什么样的经历？”
“我经历的是______。”	“我也经历过，但我想了解你现在怎么样？”
“你应该试试______。”	不要给建议，如果对方要求的话提供一些资源。
“是因为你______才这样吗？”	“关于会这样的原因你都了解哪些？”（谨慎问“为什么”问题。）
“哦，不！但______怎么样？”	关心，但是保持冷静，不要提最糟糕情况的例子。
“我不会担心的。”	倾听担心的根源。
“你是个圣人！/我永远都做不到……”	“在这种情况下，你做得特别好。”

小结：

共情不是告诉别人该如何感觉。

遏制住下面这些冲动：

- 表达你知道对方是什么感觉
- 找出问题的原因
- 告诉对方他们应该在艰难时期怎么做
- 悲观的反应
- 弱化别人的担心
- 对不好的情况生搬积极观点或是老生常谈
- 告诉对方他们有多强大和伟大

有太多时候，我们还没问对方是什么感觉就开始安慰痛苦中的人。我们想通过纠正错误来帮忙，但这通常意味着纠正者是正确的，而被纠正者因为没能自己解决问题而有缺陷。如果这种安慰的方式没有用，并不能怪痛苦的人缺乏感激之心，只是因为安慰者没能建立联结。

这样做：

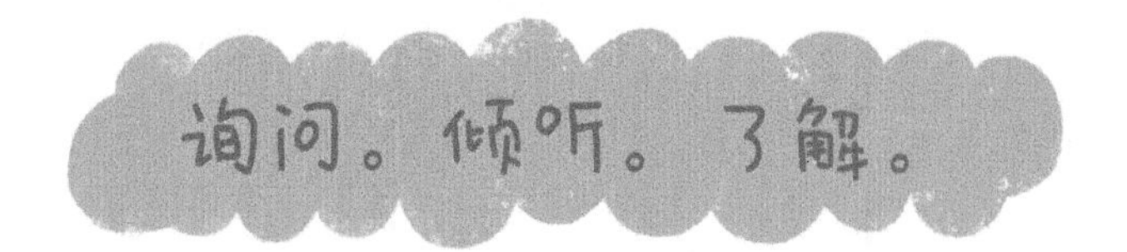

对于哀伤者来说，在这条糟透了的悲伤之路上，很少有比陪伴更让人欣慰的了。但愿这条路上也包括一些愉悦。但谁也无法保证会有，也没有时刻表说什么时候会出现。没有人能从逃避艰难的现实中有所收获。这是哀伤者的难处，也是见证者的难处。

第7章

共情指南：

“做什么&别做什么”的作弊小纸条

如果你想快速了解如何能帮助正处于危机中的人，那你就找对地方了。我们难免会经历丧失、疾病、离婚或其他艰难时期，或许之前你把本书里的每一个练习和话题都记住了，本章将帮你整理出一系列关于该做什么和不该做什么的建议，以供参考。

我们都知道，深刻的关系不是靠“作弊纸条”建立的，（为什么生活不能像一个个条目那样井井有条呢？）但下面的表格和建议一定会让你在提供支持时更加自信，也会帮助危机中的人感觉被支持。

概览：疾病/长期健康问题

目的	不要这样	而是这样
共情	“我简直不敢相信你会经历这些。” “但这不是会死人的吗？” “但你家房子没有残疾人通道！” “天啊……太可怕了！” “但你看起来没什么病的样子。” “但你还这么年轻……”	“我为你要经历这些感到难过。” “太恶心人了。”（可能对方会纠正你并不是这样的，也可能对方就想听到这句话。如果你不确定就问一下。） “我希望你知道，如果有什么我能做的，我都在这。” “我可以帮你做________，我几乎每周二都没事，如果那个时间可以的话。” “你看上去不像病了，你实际感觉怎么样？” “我理解你不得不改变计划，没关系，我们再试试。” “在我最终预定之前，我会确认轮椅是可以进去的。”（或者不要提你确认这件事，直接去问一下。）
关切	“我（我哥哥）也有_____，我知道那种感觉。” “我们每个人偶尔都有_____的感觉。别担心。” “我姐姐也经历过，没什么大不了的。” “一天下来我们都会觉得有点累。”	“我简直无法想象你都经历了些什么，那对你来说是怎么样的？” “你今天感觉怎么样？” “我很抱歉。”

目的	不要这样	而是这样
看法	“我们任何一个人都可能被公交车撞到。” “幸好不是______（另一种疾病）。” “至少还能治。” “只有30%的可能……” “都说这个癌症还好，是吧？” “不用工作多好啊。把它想成一个终身假期。”	“我认识一个患了同一个病的人，现在过得挺好的。我不知道你会不会也一样，希望是。” “你今天觉得怎么样？” “你对没法工作拿工资这事感觉怎么样？”
兴趣	“他们知道你是怎么得这个病的吗？” “你抽烟吗？”	“医生对现在的情况说了什么吗？” “你对发生的这些事感觉怎么样？” “______对你来说怎么样？”
希望/释怀	“你可以渡过难关，我亲戚就做到了。” “你很强大，你是个斗士。” “你多勇敢啊。” “你就得搬出这个家！”（或者其他任何你觉得人患病之后应该改变的生活方式。）	“我以前看你处理过非常困难的事，我相信这次你也能做到。” “你不用为我逞强。” “告诉我怎么做最能支持你。” “不如我们试试______（任何能够改变一个人萎靡不振状态的事），如果觉得不好我们马上就不做了。”

一些体贴的做法：

- 给我买了一双袜子，上面写着“我很开心，我不在乎。”

- 给我买了一只毛绒动物玩具，甚至像我这样爱挖苦人的成年人都非常喜欢。
- 给了我们一罐子硬币付停车费 / 给我们买停车牌。
- 我们的儿子昏迷了，我的朋友帮忙去医院照顾他。
- 为我做了几个不同主题的播放列表，让我在不同的心情时听。
- 我根本不认识的朋友的朋友，带着吉他到康复中心来给我唱歌。
- 从我老家芝加哥的饭馆买深盘比萨给我吃。

- 给我做了一本可以兑换的“朋友券”。

♥ 在我住院的时候掏钱请人帮我打扫家里。

♥ 把我最喜欢的画家的（不昂贵的）印刷品挂满病房。

♥ 为了让我去定期看病，每周三天送我女儿上学。

概览：离婚

目的	不要这样	而是这样
共情	"你想过做咨询吗？" "你确定要这样吗？" "反正她也是个怪胎。"	"你还好吗？" "到了今天这一步，你感觉怎么样了？" "哇，很不容易吧。"
关切	"这条街上的________不是也离婚了？" "我们也都经历过。"	"我经历了________（某种经历），我也有同样的感觉。" "我的哥哥，我真的很欣赏的一个人，也有过相似的经历。"
看法	"你还会找到其他人的。" "我早就看出来了，你们俩根本不合适。" "我感觉你们的关系已经有一段时间不太稳定了。"	表达看法的最好时机是分手几个月（甚至更久）之后： "一切都过去之后，我相信你对此会看得更开的。"

（未完，转下页）

目的	不要这样	而是这样
兴趣	“孩子们怎么样了？” “你开始约会了没？” “发生了什么？” “你觉得他/她是有第三者了吗？”	“（离婚诉讼、搬家、和前任沟通的情况）怎么样了？” 如果真的有时间听对方表达，“你觉得（财产、搬家、孩子，等等的事情）怎么样了？” “当然我想知道怎么会这样，但是我只希望你好好的。如果你什么时候想聊，都可以找我聊聊。”
希望/释怀	“你不该再让她玩弄你了。”	“我相信你的选择是对的/你知道该怎么做。” “你还很有吸引力，很迷人，条件很好！”

一些体贴的做法：

- 一个遥远的朋友送给我一个搞怪的礼物，“分手时要做些什么”的惩罚转盘，总让我哈哈大笑，笑总是好的。
- 一个朋友买了一堆气球放在我的新住处为我庆祝。
- 我的好朋友给我买了一本关于离婚过程的书。

♥ 从离婚法庭出来后，我整个人都糟透了，然后看到我的好朋友买了花放在我的桌子上。

♥ 带了一大堆经典的分手零食——冰激凌来看我，真的非常有爱，还有趣。

概览：不育和流产

目的	不要这样	而是这样
共情	"你有没有考虑过_____（收养、改变饮食、针灸、瑜伽）？ "放松点，度个假，工作别太忙。" "想做什么就做什么。" "反正有那么多孩子需要家，等着被人领养！"	"你怎么样？" "如果有什么我能做的就告诉我。" "一路走到今天，你觉得这个过程怎么样？" "如果你想了解的话，我有一些想法/治疗的经历；如果你不想了解的话，我也能理解。"
关切	"我试了六个月才有起色。" "有时候只是时间问题。"	"我从没有经历过不育，但是如果你想聊一聊的话，我可以陪你。" "我的哥哥也有过类似经历，如果你有任何问题想问他，我可以帮你联络。"

（未完，转下页）

目的	不要这样	而是这样
看法	“别担心，我最后就等到了。” “为人父母没有想的那么好。” “你应该来今年的假日晚会，会让你感觉好点。” “这是自然终止异常妊娠的方式。” “等真的该来的时候自然会来的。”	“哇，很不容易吧。” “你现在怎么样？” “如果你很不想来我的准妈妈聚会，我完全能理解。” “我很难过你失去了孩子。”
兴趣	“你怀孕了吗？” “要花多少钱啊？” “是谁的问题？” 如果是流产，“怎么回事？你做了什么？”	“看病看得怎么样？”（如果你知道对方去看过医生。） “你对（经济方面、即将到来的节日聚会、准妈妈聚会，等等）感觉还好吗？” “药物有什么不好的副作用吗？” 在流产或者怀孕治疗失败几周后再问“你觉得______还好吗？”
希望/释怀	“反正我知道你一定会怀上的！” “说明还没到时候。” “只是不遂天意。” “至少你知道你还能怀上”（如果对方是流产的话）。	“无论怎样，我都知道你会是一个好家长。” “我很高兴你仍然在尝试。” “我的哥哥和嫂子尝试了三年，第三次的时候成功了。希望你也会成功。” “你对此感觉如何？”

一些体贴的做法：

- 一个好朋友想让我参加她孩子的生日聚会，但看到孩子会勾起我的伤心事。她问我能不能在聚会前帮她一起布置，然后我可以在其他人来之前离开。
- 我是单身，但在尝试怀孕。我的朋友陪我去做受精，还在之后请我吃了一顿午饭来庆祝这个时刻。
- 朋友想跟我们一起过暑假，但因为我在接受不育治疗的，所以不到最后时刻我们都无法确定任何行程。尽管这意味着我们度假的选择性更少了，但他们非常理解我们。
- 在我说我不想被问有关怀孕的事时，我那些非常想了解情况，又紧张又激动的朋友尊重了我的想法。
- 在我流产后，我的邻居在我家门前放了一盆植物。

概览：丧失

目的	不要这样	而是这样
共情	“我难以相信发生了这样的事！” “那你要如何支撑这个家？” “那谁来承担这些花销？” “你真的该走出来了。”	“我为你正在经历的事感到难过。” “如果可以的话，我可以帮着照顾孩子，我可以免费看孩子。” “每个人有自己缅怀的方式和时间。”
关切	“我失去了母亲，我当时很崩溃。”	“我简直无法想象你都经历了什么。” “这真的太不容易了。” “你现在感觉怎么样？”
看法	“丧失是生活的一部分。” “至少他走完了一生。” “至少你送了她最后一程。”	让哀伤中的人自己讲他们的看法。如果他们不愿意就接纳。
兴趣	“你会得到什么遗产？” “他抽烟吗？喝酒吗？”	“你接下来打算怎么办？有什么我能帮忙的吗？” “她是个什么样的人？” “你的孩子叫什么？”
希望/释怀	“都过了六个月了，你也该走出来了。” “你还会遇到其他人的。”	“难过就难过吧。” “以后的某天你会好起来的，但现在，我在这儿陪你一起。”

一些体贴的做法：

- 我们因失去女儿痛苦到一蹶不振的时候，教会里的一些人帮我们在家里为我们的儿子准备生日聚会。我们一根手指都不需要动。

- 我朋友帮我在房子外面贴了一个很好看的讣告，宣布我母亲过世的消息。

- 我儿子自杀之后，我的同事送了我一首关于丧失的诗。

- 我的朋友们帮忙整理我母亲的遗物。我母亲喜欢存东西，这是个大工程。

- 当我的好朋友死于车祸时，同事带我出去吃午饭。

- 我的邻居在我妻子过世后，自发地每隔几天就打扫我家门前的叶子，连着一个月，总是默默地帮助我。

概览：失业

目的	不要这样	而是这样
共情	“希望你的经济情况能够支撑得住。” “哇，我简直不能想象那是什么感觉。” “你的另一半知道以后还好吗？”	“我也经历过，那种感觉糟透了。”（因为这种事通常会带来羞耻感。） 给他们发一个领英邀请，或者在他们的线上档案里写一条推荐。 “我觉得你在这做的工作真的很好。我会想你的。” “如果你需要的话，我可以跟你聊聊。”
看法	“我也想能有假放！” “至少你还是待业。” “关上一扇门就会有另一扇门打开。”	“我知道这种感觉很糟，但是你这么有才华，会好起来的。” “别想那么多了，我带你出去吃一顿。”（或者直接请吃饭，什么也别说。）
兴趣	每天都问“工作找得怎么样？” “你有发更多简历吗？” “他们为什么开除你？” 随便发招聘启事，问对方有没有跟进。	“把你的简历发给我，我看看我有没有认识的人感兴趣。” 发一些相关的招聘启事，“也许你知道谁可能有意向。”

一些体贴的做法：

- 我的朋友给我做了纸杯蛋糕，上面写着"我爱你"。
- 一位同事在听到消息之后给我打电话，跟我说她听到这个消息有多难过。
- 一位同事一直给我发相关的招聘信息，在合适的时候帮我搭线介绍。
- 一个好朋友让我做咨询工作，帮我渡过经济危机。

- 我没钱理发了。我的邻居是个发型师，在我面试之前帮我免费做头发。
- 一些之前工作的同事在领英上给我发邀请。
- 朋友们通过社区的人脉帮我找到一份零售工作。
- 当我担心自己的推荐人不够好的时候，一位同事愿意推荐我。

结　语

你做到了！

我不够好	我很棒
“我不知道要怎样。”	“我的善意就是我的证明。”
“我不知道该说什么。”	“无声胜有声。”
“我没有那么多精力。”	“小举动，大意义。”

害怕会搞砸，害怕说错话，害怕我们没有真正提供帮助的精力：这是三个最常阻碍我们帮助他人的顾虑。这些顾虑最根本的核心是我们不够自信，不相信我们已经知道该怎样做，不相信我们做自己就足够了。

如果我们想做大家信赖并且愿意寻求帮助的对象，我们需要相信自己。**这并不是要我们完美，只要简单做自己就好。**

1. 相信你的顾虑是多余的：

- 你的善意就是你的证明。
- 只要你在乎，就不会被辜负。

2. 相信你的价值：

- 先给自己带上氧气罩。
- 不要评判或者揣度别人。

3. 相信你的行为：

- 无声的倾听充满了关爱。
- 小举动会有大影响。

我们都可以在周围人的人生中占据非常重要的地位，在对方需要我们或是我们可以承受的时候，我们会在那些人的人生中占据或多或少的空间。一旦我们相信自己付出的能力和接纳付出时的局限性，我们就能更自在地、带着更多愉悦地给予。要想做到这一点，需要抛开那些有关谁让我们失望，我们又让谁失望的故事。我们需要面朝更加温和，更加接纳自己和他人短处与差异的方向，并最终朝着更丰富、广泛的对人性的表达的方向努力。

带着真诚和脆弱支持另一个人，并且在人生困难的时刻坚守在一起，是将彼此最深刻地联结在一起的纽带。

学会这样与人联结时，我们就会建立亲密的、长久的、同生共死的关系。最终，之前共同经历的悲伤和害怕会成为我们最伟大的滋养时刻，对付出的一方和接纳的一方都是。所以：学着支持别人可能很吓人，但这暂时的害怕和不舒服难道不值得吗？

胜于一切。

参考文献

给在沙滩上认真度日的大众看的书

Brown, Brené. *Daring Greatly: How the Courage to Be Vulnerable Transforms the Way We Live, Love, Parent, and Lead*. New York: Gotham Books, 2012.

这本书告诉我们，实际上最棒的真诚联结的来源，是我们内心深处对不完美和脆弱的恐惧。

Ehrenreich, Barbara. *Bright-Sided: How the Relentless Promotion of Positive Thinking Has Undermined America*. New York: Metropolitan Books, 2009.

这本书犀利评论了我们文化中所强调的积极性其实可能会让糟糕处境中的人感觉很糟。

Lerner, H. G. *The Dance of Fear: Rising Above Anxiety, Fear, and Shame to Be Your Best and Bravest Self*. New York: Perennial Currents, 2005.

这部经典之作，讲述的是依赖来自其他人以及我们对自己的负面看法，会如何伤害到自尊。

Lewis, C. S. (2001). *A Grief Observed.* San Francisco: HarperSanFrancisco, 2001.

神学家 C. S. 路易斯在爱妻癌症过世后写下的令人心碎的哀恸，是这类作品中最好的一部。

Solomon, Andrew. *Far from the Tree: Parents, Children and the Search for Identity.* New York: Scribner, 2012.

所罗门的书让人洞察人性的缺点及神圣之处，它能唤起人们内心深处的慈悲，却没有任何训诫或是假高尚的意味。

Strayed, Cheryl. *Tiny Beautiful Things: Advice on Love and Life from Dear Sugar.* New York: Vintage Books, 2012.

这本书很实用，是这类书中最好的，针对生活中脆弱复杂的时刻，给出大量中肯真诚的建议。

Walker, Val. *The Art of Comforting: What to Say and Do for People in Distress.* New York: Jeremy P. Tarcher/Penguin, 2010.

这本书对安慰过程中的动力及其所在的文化背景有非常棒的洞察。

给那些对学术和道理有好奇心的人

慈悲研究和辩论的综述

Keltner, Dacher. *Born to Be Good: The Science of a Meaningful Life*. New York: W. W. Norton & Company, 2009.

Krznaric, Roman. *Empathy: Why It Matters, and How to Get It*. New York: Penguin Group, 2014.

Monroe, K. R. *The Heart of Altruism: Perceptions of a Common Humanity*. Princeton, NJ: Princeton University Press, 1996.

Seppälä, Emma. *The Happiness Track: How to Apply the Science of Happiness to Accelerate Your Success*. San Francisco: HarperOne, 2016.

职场中的慈悲

Dutton, J., and Worline, M. *Awakening Compassion at Work: The Quiet Power That Elevates People and Organizations*. Oakland, CA: Berrett-Koehler Publishers, 2017.

Grant, A. M. *Give and Take: A Revolutionary Approach to Success*. New York: Viking, 2013.

医学的慈悲

Halpern, Jodi. *From Detached Concern to Empathy: Humanizing Medical Practice.* Oxford: Oxford University Press, 2001.

Halpern, S. P. *The Etiquette of Illness: What to Say When You Can't Find the Words*. New York: Bloomsbury, 2004.

网站

有用的研究，相关内容以及共情产品

Advice to Sink in Slowly: www.advicetosinkinslowly.org

Brain Pickings: www.brainpickings.org

CompassionLab: www.compassionlab.com

Emily McDowell Studio: www.emilymcdowell.com

Flower: www.flowerapp.com

Greater Good Science Center: www.greatergood.berkeley. edu

Help Each Other Out: www.helpeachotherout.org

关于研究

这本书是基于了解许多人在困难时刻成功或失败地提供支持的经历撰写而成的。有一些艰难时期没有被提及，是因为没有足够的资料；另一些问题需要专业的以及社区的支持，不强调更多谨小慎微之处是无法很好地处理的；还有些生活处境，比如教养子女等，有着很宽泛的或好或坏的经验，但和我们详细展开的问题不能很好地融合。但总的来说，只要用好你的共情能力，基本上这本书中描述的概念就能够帮你渡过大部分的人生坎坷。

书中的回复都来自在网上的开放问题，有超过 900 位参与者参与调查，还有 50 个人接受采访。采访和调查问题都是关于，他们觉得在困境中，无论是来自陌生人、同事，还是亲朋好友的哪些话和表示对他们有所帮助，哪些听到又很痛苦。还有，在几次共情工作坊、讲座和活动中，有超过 450 位参与者完成了“示意卡片”，卡片上问他们是如何迈出那一步的，又有哪些努力完全没用。

调查和采访的资料被看了一遍又一遍，经过编码、分类、整理后形成主题，贯穿在这本书的核心理念中。还有一些例子当中包含一些关于宗教、幽默感，还有肢体接触的有意思的主题线索，但由于都没有足够的资料可以支撑得出的结论，我们便没有在书中展示出来。这本书中展示的主题是经过 6 个人相互检查核实后得出的，书中的几个建议还得到了几次共情训练营工作坊参与者的认可。

我们查阅了所有能查到的资料，数据中出现的概念和主题都有其他期刊中有关离婚、不育、疾病和丧失的同行评议的文献支持。关于给建议和倾听的概念内容在沟通研究中也得到了广泛支持，稍作调整后，所有这些理念都被融入书中提供的可操作的建议中。

凯尔西和埃米莉基于自己的个人经历最终确认数据中出现的主题是合理的。我们都是人，通过合作，我们要确保能够自信地坚持书中的这些概念、假设和建议。大家跟我们分享自己的经历和智慧是为了造福其他有相似处境的人。我们希望他们好不容易得到的智慧能够帮助到那些人，同时也能回头帮助到最重要的：你。

有关数据的附加说明

我们对这些话题的探索不足以帮助我们了解不同的种族、民族和文化是如何看待这类助人方式以及助人行为的。

调查、采访和工作坊中的参与者们在地域上、宗教上、民族上、性取向上和性别上都很多元，我们没有听到谁提到因为他们的背景不同而有不同的提供安慰的方式。但是沟通研究中的有些学者称，如果用另一种专注于文化和性别的分析，可能会找到这其中的不同，如果存在的话，这样的探索可能会有一些帮助。

致　谢

我们不能独自一人熬过像疾病和丧失这样的糟糕时刻，我们也不能独自孕育思想。没有众多人的支持就不会有这本书。

同事们还有许多朋友广泛地分发了我线上的研究问卷并邀请采访。多亏了他们，能让好几百个经历过痛苦并辛苦获得智慧的人信任我，我永远感激他们。Mardie Oakes、Jennie Mollica、Ed Dorrington、Amy D’Andrade 博士、Mariah Breeding 博士，以及 Beth Roy 博士为整理故事，解释安慰的过程提供了帮助，他们为研究中合并主题提供了建设性意见，帮助我发现了我一开始期待从“别说什么”获得青睐的视角中没有找到的作品灵魂。

我的好朋友 Katie Crouch 让我了解到幽默原来可以让沉重的话题这么引人入胜，Emily Han 帮助我让这本书聚焦在实用性上，Rob McWuilken 教会我如何引导读者开始自我改变的历程。

当然，写这本书的过程是随着共情训练营的工作坊发展而逐渐清晰的，也是这本书的基础。如：密西根大学慈悲实验室的 Monic Worline 博士，以及优秀的咨询师 Kim Wylder 帮我看清羞耻感对相信自己付出的能力有多么大的摧毁性的影响；Adam McTighe 博士帮助我把工作坊的基调定在了研究和没有矫揉造作的切身体会之间；温柔的 Meaghan Calcari Campbell，一位年轻的癌症康复者，所写的诗启发了这本书中的共情菜单；没有加州大学旧金山分校 Helen Diller 癌症中心的 Naomi Hoffer 从一开始就提供的支持与推进，这一切都不可能实现。

这本书中的很多内容都是受“共渡难关”中的活动所启发，这是我与其他几个人建立的一个组织，这个组织想要集中社会的力量来应对人世间的困境。有超过 200 个人或是作为志愿者，或是捐款，让关于“陪伴”的工作坊以及公共运动在几个市内街区，以及内容非常丰富的网页上展示，也给这本书提供了平台。3 年来，我们的顾问委员会一直都在负责募资、拓展维持社交及战略伙伴关系等每一项实际细节的工作，他们是 Amy D’Andrade 博士、Jan Malvin 博士、Jen Tosti-Kharas 博士、Liza Siegler、Michele Turner、

Millicent Bogert、Mindy Schweitzer-Rawls，还有来自 Hope Singsen 有爱的帮助、Maria Niubo 默默的付出，以及一直以来 Alex Armenta 的支持。不知疲倦的 Dara Kosberg 作为员工，通过她个人的能力和热情，将互相帮助推进到下一个发展层次，委员会成员 Mardie Oakes 几乎是这项工作中的全程支持者，永远都是。

很幸运的是，我有几个好朋友几乎和我一样关注着这项工作。我的朋友 Amy D’Andrade 可能尤其是。从一开始，她就将大量的精力投入到这项工作中。从研究，开始阅读，到落实工作坊，发展“共渡难关”互助组织，她一直都是一个有想法的合作伙伴，甚至是一个工作伴侣。她一直都是我非常真挚的朋友。谢谢你。

我从 Earlham 学院起就结识的朋友们，多年来一直有耐心、热情地支持着我，他们询问、提供大量帮助，并且跟进询问事情进展如何。Michele Belliveau、Deirdre Russo、Theresa Locklear、Lisa Long、Amy Hunter、Jessica Jones，还有最近的朋友们，我的写作伙伴 Calla Devlin、我的公婆 Dick & Sue Brown。对我来说他们都像家人一样，我爱你们。

这本书能成书经历了精心的打磨，我们的编辑 HarperOne 的 Luke Dempsey 非常投入。他非常认真地修改了草稿；提出深刻的问题，对修改非常有耐心，这让我有了我所需的信心，让我相信这本书的诞生是有意义的。我不知道是否还有其他编辑能够做到，我对他和 HarperOne 团队都非常感激。

我和埃米莉的共同合作让这本书成真，她默默无闻地付出了很多。她热情地捍卫着这部作品，用她清晰的思路、贴近生活诙谐的写作和艺术天分把这本书变得更好。我们对于这本书该是什么样的想法融合得天衣无缝，她倾尽其所有，我们的合作是我职业生涯中最棒的专业合作之一。

在这本书融汇的所有心力之中，没有比我的丈夫 Mike Brown 更重要的了。对我这个人，以及作为妻子、女儿榜样的我，他总是放在第一位。没有什么方式能够表达他在情感上、决策上和经济上给了我多大的支持，他让我更快乐，让这个世界更美好。他是我知道的最慷慨、最有耐心和最有趣的人。我深深地爱着他。

这本书献给我的母亲，她一直养育我直到最后，谢谢我的丈夫，以及现在一直都在滋养我的人。

事实上，写书和给书画插画期间，是需要全体人员共同努力才能让公司正常运转。在此，对我的员工致以深深的感谢，在我做这件事的时候能够超级棒地为我收拾残局。我还想感谢那些努力帮助完成这本书的非常棒的人：Carol Mann 机构的 Myrsini Stephanides 和 Lydia Shamah、我的超级明星律师 Marc Chamlin、HarperOne 的整个团队，还有我的伴侣 Seth：谢谢你们无尽的耐心，像圣人一样能够倾听我的抱怨。你们有非常好的想法，在我显然非常不好的时候坚持我是美丽的。我的继子 Oliver：谢谢你。Jenny：谢谢你总是来支持我（无论过去还是现在）。Amy O：谢谢你，你的生活方式启迪了我，让我也想过一种更好的生活，好想你。当然，还有凯尔西：谢谢你，这么好的合著者和朋友，认识你我很开心，也很感激。

最后，所有写过、分享过、买过共情卡片的人，每个与我分享他们自己关于疾病和哀伤故事的人：谢谢你们。这本书为你们而写。